量价密码

吴吞◎编著

清华大学出版社

北　京

内 容 简 介

本书主要讲解了量价之间的关系、量价整体结构以及如何运用量价关系进行股票交易。本书从成交量与股价的本质出发，带领读者认识成交量的含义与形态，解析量价关系法则，进而延伸到实际操作上如何分析具体盘面，一步一步让读者学会通过量与价的关系来选股。

本书以量和价的关系为切入点，结合大量案例，希望为读者提供分析行情的思路，不管是新入门的选手还是驰骋多年的职业投资者、专业交易员，都能从中得到对量价的新感悟和收获。

图书在版编目(CIP)数据

量价密码 / 吴吞编著. — 北京：清华大学出版社，2018（2023.4重印）
ISBN 978-7-302-50081-0

Ⅰ. ①量… Ⅱ. ①吴… Ⅲ. ①密码学 Ⅳ. ①TN918.1

中国版本图书馆 CIP 数据核字（2018）第 097034 号

责任编辑： 张立红
封面设计： 邱晓俐
版式设计： 方加青
责任校对： 郭熙凤
责任印制： 宋　林

出版发行： 清华大学出版社
　　　　　网　　　址：http://www.tup.com.cn，http://www.wqbook.com
　　　　　地　　　址：北京清华大学学研大厦 A 座　　　　邮　　编：100084
　　　　　社 总 机：010-83470000　　　　　　　　　邮　　购：010-62786544
　　　　　投稿与读者服务：010-62776969，c-service@tup.tsinghua.edu.cn
　　　　　质 量 反 馈：010-62772015，zhiliang@tup.tsinghua.edu.cn
印 装 者： 涿州市般润文化传播有限公司
经　　销： 全国新华书店
开　　本： 170mm×240mm　　**印　　张：** 16　　**字　　数：** 244 千字
版　　次： 2018 年 8 月第 1 版　　**印　　次：** 2023 年 4 月第 7 次印刷
定　　价： 59.80 元

产品编号：077748-01

"你不理财，财不理你。"当今社会投资理财已经成为一种必修技能，炒股作为最大众的投资方式自然受到了广泛关注，而我国很多新股民求道无门，老股民无所适从，所以我想写一本相关的书来帮助这些朋友更顺利地入门和进阶。

大多数人炒股都绕不开技术分析，而最容易让投资者陷入迷途的也是技术分析，因此我决定写一本关于技术分析的书来给投资者指路引航。最终我选择了量价分析，是因为量价分析不仅是技术分析最重要的部分，还是其他技术分析的本源。

本书的目的是帮助投资者掌握量价分析，驾驭复杂多变的行情。本书语言通俗，说理清晰，毫无基础的投资者通过阅读本书也能搞懂量价分析。同时，本书是作者多年实盘经验的总结，能帮助读者朋友在股市无往而不利。

本书特色

1. 内容实用实在，可复制性强

市场上有的图书，内容长篇累牍，语言深奥难懂，其中的理论对投资的帮助作者却含糊其辞。读者乍看之下，见到很多专业术语和高端理论，对作者惊为天人，开始仔细拜读，读完之后发现理论记住了一堆，炒股水平却毫无进展。我们学习是为了学以致用，如果知识不能转化为生产力，那么学那些知识有何用。在这点上，本书化深奥为浅显，方便读者理解；从实战中总结出适用于多种情境的策略，实用性和可复制性强。

2. 案例客观真实，观点符合实际

市场上很多投资策略类书宣扬一种"一招鲜，吃遍天"的错误思想，他们提供了一种"放之四海之内皆准""打遍天下无敌手"的交易策略。这显然不可信，股海无涯，世事无常，几次的成功便以为掌握了股市真理，岂不可笑？本书不给读者提供"万金油式"的策略，而是希望股民能够分情况具体分析，权衡风险与机会，保持一种能进能退的投资风格。

3. 观点旗帜鲜明，从不含糊其辞

大多数股评家都不会明确表明自己的观点，他们总是运用语言技巧把话说得模棱两可。哪怕你问他们"一加一等于几"他们都不会告诉你准确的答案，他们或许会说："我认为一加一等于二以外的任何数，但我也不排除它等于二的可能。"这种行为本质上是源于对自身水平的不自信。作者和他们不一样，在本书中总是旗帜鲜明地表明自己的观点，从不含糊其辞，这是因为作者对自己的水平有着高度自信。

4. 抵制玄学，倡导科学

古代帝王都有一个特点，传播玄学，抵制科学。这是因为他们要通过玄学来巩固自己的统治，他们宣扬"君权神授"，但他们不能说"因为 1+1=2 所以朕要当皇帝"。很多证券分析师刻意把话说得深奥难懂，营造一种水平高超的假象，让我们在迷雾中越陷越深。而现实中只有依赖逻辑严密的科学，我们才能有理有据地判断行情，才能无往而不利。

抵制玄学，倡导科学，这是作者一直在做的。本书中的每一个观点都有逻辑支撑，本书中的每一条投资策略都有其存在的科学性。

本书内容及体系结构

第一部分（第 1—3 章） 量价关系扫盲

本部分先给读者介绍一些量价分析必须要知道的事项，比如量价分析的精髓、成交量相关的盘口数据、成交量的六种形态，等等。之前对量价关系有一定了解的读者读了本部分，一定会耳目一新，有些前所未有的感触；初学者阅读后则能有一个良好的开始和正确的学习方向。

第二部分（第4—5章）　量价关系的基础运用

本部分首先对美国著名投资专家葛兰威尔总结的八种经典的量价形态进行深入解读和补充，深入浅出地说明各种形态背后的逻辑，面面俱到地罗列了各种形态运用于实战中所要注意的事项。其次还介绍了几种简单实用的利用量价关系择股的技巧，帮助读者在量价分析领域实现快速入门。

第三部分（第6—8章）　量价关系的高端运用

本部分首先介绍了如何从多空博弈角度和主力动向角度进行量价分析。这两个角度的区分至关重要。纯粹是散户在买卖，我们依据多空双方的博弈情况就能判断趋势，而如果存在主力的话，主力才是真正的主导者，因此，凡是一概而论不区分多空博弈和主力动向的量价分析都是不入流的。

其次还介绍了涨跌停时特有的量价特点。涨跌停板是 A 股的一大特色，它的存在会限制股价和成交量，因此，涨跌停时的量价关系与一般情况下有所不同，需要单独分析。

第四部分（第9—11章）　量价形态的盘点和解析

作者从实战中总结出诸多实用的量价形态，这些形态对我们预测行情有很大帮助。首先对每一种形态都进行深入解读，然后旗帜鲜明地指出这种形态的出现意味着什么，梳理出形态成立的内在逻辑，最后将它们区分为买入信号和卖出信号来指导股民操作。由于这些量价形态都在实盘中经历过长期的考验，因此这部分内容具备超强的实用性和可复制性。

第五部分（第12章）　融会贯通，量价分析与其他分析方法的结合运用

量价关系是研究股票的一个非常重要的维度，但是股市中也不乏一些其他的优秀方法，将这些方法掌握并配合量价关系使用，往往能达到"1+1>2"的效果。作者在本部分中分别讲述了如何将量价关系和消息面、均线、集合竞价、龙虎榜联合运用，从而达到融会贯通。融会贯通是一种至高的境界。"融"指的是融合多种知识；"会"指的是领会其实质；"贯"是把这些知识贯穿起来；"通"是指实现透彻的理解，最终灵活运用于股票市场中。

本书读者对象

- 希望快速入门的新股民
- 想更上一层楼的老股民
- 工作与股市相关的从业人员
- 各财经、非财经专业的大中专院校学生
- 对量价分析有兴趣爱好或研究意向的各类人员
- 所有想通过炒股实现财务自由的人员

| 第1章 |

搞懂量价分析

技术分析理论按研究对象可分为原始分析和指标分析两种。原始分析是指以原始数据为对象进行直接分析，原始数据包含价格、成交量和时间；指标分析是指以指标为对象进行间接分析，其中，指标是由原始数据转化而来的。也就是说，指标分析是建立在原始分析基础上的，一切指标都是量、价、时的延伸。所谓的原始分析就是本书所说的量价分析，因此要成为技术派的高手，量价分析是必须搞懂的。

1.1 追根溯源，量价为王

1.1.1 技术分析的本质

2005年3月15日，那是一个慵懒的午后，我一个人呆坐在窗台前，心想我心爱的姑娘怎么还不给我打电话。

忽然，"嘀嘀嘀……"电话铃声响了，我匆忙地拿起话筒，结果令我大失所望，话筒中传来一个中年男人的声音。

"先生，您好！我想请问一下，您对股市这一块有了解吗？"

"不了解，别打扰我思考人生！"

"在这个时代不了解投资理财可不行啊，这样吧，先生，我们给您推荐一只股票，××股即将大涨。该股今日收十字星，且放出巨量，您下个交易日买入，保底收益15%。本次免费推荐，今后如有需要请联系我们。"

"那还真是谢谢您的一番心意了，不过我想请问您为什么该股收十字星，并且放出巨量就会大涨。"

"额……反正就是会大涨，这是我们通过一系列高深的、专业并且精确的分析得出的结果。"

"可是经过我更高深、更专业且更精确的分析，我预测它会跌。"

"看来先生是高手？"

"在下姓巴名菲特！"

"嘟……嘟……"（忙音）

这只是一个少年在接到骚扰电话时做的恶作剧而已，那时我的分析既不高深也不专业还不精确，当然我也不叫巴菲特，巴菲特他老人家也不姓巴。这个小插曲让我清晰地意识到一个问题：很多人都在用技术分析，但是大多数人仅仅记住了几个技术形态和指标，他们理解这些技术形态和指标意味着什么吗？他们真的懂技术分析吗？不，他们不懂！认识到这些后，我便立志做一个真正懂技术分析的投资者，做一个能够分析得合乎逻辑有理有据的投资者，做一个不在形态和指标之间含糊其辞的投资者。

接下来，就由如今实现了这些目标的我来给各位讲讲技术分析的本质。

Tips：先从技术分析的定义开始看起，老一辈分析师对技术分析下的定义是："技术分析是利用数学和统计学的方法，通过对历史数据的研究，把握当前的趋势，并顺势而为，直到有足够的证据证明趋势发生改变为止。"

对于这个定义我总结了以下三点。

（1）强调的是统计数据

技术分析就是通过统计以往某种技术形态出现后股价上涨或下跌的频率，然后根据频率判断这种技术形态出现后是涨的概率大还是跌的概率大，再给这种形态起个像"三只乌鸦"这样让人印象深刻的名字，并把它和涨跌对应起来，一种技术形态就产生了。

（2）分析的是历史数据

技术分析研究的样本都是来自历史数据，这是用过去的数据预测未来，因为他们相信一切都是循环往复的。如同《圣经》中的这句话："已有之事，后必再有；已行之事，后必再行；日光之下，并无新事。"

（3）研究的是趋势

"市场永远是正确的。"没有人能够走在市场前面，所以技术分析要做的不是预测市场而是判定趋势，并且顺势而为。

看了以上三点你或许会觉得技术分析就是如此，老一辈总结的经验很完美，但你看了我接下来提出的三点质疑和补充，就会觉得当前的技术分析远没有他们总结的那么简单。

（1）没有什么是不变的

在这样一个资本市场快速发展的时代，股市的变化是显而易见的，今天的市场与过去有一定联系，但市场绝不是循环往复的。利率调整、汇率变动、IPO暂停与重启、重组新规、定增新规……这些无不在说明市场的发展是日新月异的，因此，过于注重历史数据可能会陷入桎梏。如同《增广贤文》里的这句话"世事如棋局局新"，相比《圣经》里的"日光之下，并无新事"，我更相信咱们老祖宗的智慧。

（2）只研究趋势是不够的

一般情况下趋势是渐变的，因此顺势而为显得很简单，但是有些情况，趋势是会被突然打破的。趋势是由多空双方博弈产生的，因为空头和多头数量巨大，所以趋势稳定，但是主力的参与会打破这种稳定。因此，在A股市场，针对个股的研究只考虑趋势是不够的，技术分析应当包括对主力动向的研究。这是考虑个股的时候。如果考虑大盘，只考虑趋势完全可以，因为没有哪个机构能够影响大盘。

（3）不重概率重因果

学生时代，我们时常想运用统计学去解决英语考试的难题，我们甚至依照统计数据总结出了"三长一短选最短，三短一长选最长，长短不一要选B，参差不齐就选D"这样的口诀，然而有用吗？牢记口诀的我英语四级不是照样考了四次。

我想借此说明的是：很多技术形态就相当于这些口诀，它们只是通过统计过去的"答案"而总结出来的，然而"题目"是会变的，"题目"一变"口诀"可能就不适用了。因此我们要去深入了解"口诀"背后的"题目"和"答案"之间的因果关系，而不是一味地去背诵和套用"口诀"。

综上所述，技术分析不该是通过统计手段把形态和涨跌对应起来，而是要通过历史数据中涨跌和形态的关系，推断出形态所代表的意义，从而结合当前市场通过形态判断涨跌。

Tips：它是一项以达到"知其然，知其所以然"为目的的修行，而不是一种找出规律就能发家致富的方法。所以，技术分析其实是一门研究形态和涨跌之间因果关系的学问。

我之所以要在本书开头刻意强调技术分析的本质，是因为本书所要讲述的量价关系不仅是技术分析中重要的一种，而且是技术分析的核心，甚至可以说是除了它自身之外的其他技术分析方式的根源。为何这么说？让我们来看看下面的内容，1.1.2节和1.1.3节论证了量价关系是技术分析的核心，1.1.4节论证了量价关系是除它之外的技术分析方式的根源。

1.1.2 股价变动是由买卖力量变动引起的

大部分人不知道影响价格方向性运动的本质因素，总是被市场的风吹草动干扰，总是被别人所谓的成功吸引，总是人云亦云、听消息、看持仓、看指标、打听主力动向……认为这些就是决定价格的因素。这些人真是大错特错了，从古至今，决定价格方向性运动的，只有买与卖的力量对比！

股票交易的竞价分为集合竞价和连续竞价。集合竞价是指对一段时间内接受买卖申报的一次集中撮合的竞价方式，用来确定开盘价和收盘价；连续竞价是指对买卖申报逐笔连续撮合的竞价方式，用来反映盘中的股价变动。股价的不断变动正是因为竞价在持续进行，竞价其实在生活中经常出现，我把它划分为三种模式，股市中的竞价则是这三种模式中最复杂的。我先来给各位介绍一下这三种模式，如图1-1所示。

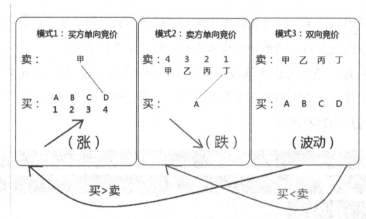

图1-1　竞价三种模式示意图

模式1：买方单向竞价

如图1-1模式1所示，卖方只有甲，买方有ABCD，ABCD都想买甲的东西。A先出价1元，B为了买到必须出价比A高，B出价2元，同理C出价3元，D出价4元；从A到B到C到D这是一个商品不断涨价的过程。

> Tips：这种竞价模式好比日常生活中的拍卖会，当拍卖会的卖方拿出某件佳品的时候，买方争相出价，这个过程就是竞价，但这只是买方的单向竞价。用经济学术语来说，就是供不应求的卖方市场。

模式2：卖方单向竞价

如图1-1模式2所示，买方只有A，卖方有甲乙丙丁，甲乙丙丁都想把东西卖给A。甲先出价4元，乙为了让A从自己这里买出价必须比甲低，乙出价3元，同理丙出价2元，丁出价1元；从甲到乙到丙到丁是一个商品不断降价的过程。

> Tips：这种竞价模式好比日常生活中的采购经理进货，供货商为了让采购经理从自己这里进货就会相互竞价，不过他们竞的是谁的价格低，这就是卖方单向竞价。用经济学术语来说，就是供过于求的买方市场。

模式3：双向竞价

如图1-1中模式3所示，卖方有甲乙丙丁，买方有ABCD，甲乙丙丁都想把东西以更高的价格卖出去，ABCD都想以更低的价格买到东西，买卖双方都在竞价。这种双向竞价模式的最终结果一定是产生一个被大多数人所认可的官方交易价格，即在某段时间里甲乙丙丁都以N元出售这件东西，ABCD也都以N元购买这件东西。

但是这个官方价格不是不变的，比如甲某天不愿意卖这件东西了，那么只有乙丙丁在卖这件东西，也就是说供货量从原来的四人份变成了三人份，但是需求量依旧是四人份，就注定有一个人得不到东西，那么谁得不到东西？自然是出价最低的那人。于是ABCD开始新一轮竞价，这件东西的价格也被推高，直到ABCD四人中有一人放弃购买，买卖力量重新平衡，竞价结束，重新产生一个新的官方交易价格。这是卖方力量减弱的假设，买方力量减弱则正好相反。

观察以上三种模式，我们可以发现，买方和卖方的力量才是影响股价涨跌的关键。模式1中商品的价格绝对上涨是因为买方力量远强于卖方，模式2中商品的价格绝对下跌则是因为买方力量远弱于卖方，而模式3中买卖双方力量相差不大，但因为是动态的，买卖双方的力量变动导致了价格的涨跌。

> Tips：当买方力量强于卖方力量时，模式3向模式1变化，商品价格上涨；当卖方力量强于买方力量时，模式3向模式2变化，商品价格下跌。股市里的多头和空头也正是如此竞价的，股价也正是如此涨跌的。

西方经济学中有句话叫作"供求决定价格"，它和本节中的观点是异曲同工的，供不应求商品就会涨价，供过于求商品就会降价。这里的"供求"指的是"有效供求"，即有供应或需求的意愿，也有能力做出供应和需求的行为。一个人想做某事又有能力做这件事，那他肯定会去做，所以"有效供求"其实等于"买卖"。因为有很多朋友误认为"供求"强调的是心理层面，为了规避这一点，我在这里只谈"买卖"不谈"供求"。

1.1.3　量价关系最真实地反映了买卖力量

既然知道了股价变动是由买卖力量变动引起的，那么我们要预测股价走势的首要任务是考察买卖力量，借助什么指标能更好地做到这一点呢？

大多数人最先想到的肯定是委卖盘和委买盘，一般人肯定觉得委买盘是表示有多少人想买，委卖盘是表示有多少人想卖，这不是最直观地反映了买卖力量的指标吗？确实是最直观，但同时也最难确保真实性。委卖盘和委买盘的数据是最容易造假的，而且造假毫无成本。

委卖盘和委买盘的重点在一个"委"字，"委"是想要的意思，传达的只是一种意愿，但是想买和想卖的人真的会买卖吗？不一定吧。

那么多房托对人到处夸耀某家楼盘的房子多么好，说等开盘了自己一定要去抢一套，然而到最后他们真的会买吗？主力在委卖盘和委买盘上的造假和房地产公司雇用房托没多大区别，只是通过在委卖盘和委买盘挂大单给空头和多头信心罢了，等到快成交的时候这些单子就会被撤掉。既然不会成交，这怎么能算买卖力量的一部分呢？因此，借助委卖盘和委买盘以及与其相关的指标并不是考察买卖力量的最好方式。

> **Tips**：那么量价关系呢？很多人说"只有成交量是不会骗人的"。这话只说对了一半，"只有萎缩的成交量是不会骗人的"。主力可以通过对倒使成交量放大，但没办法使成交量缩小。

而仅仅是对倒还有很大的限制。首先，主力只能做大个股的成交量，大盘的成交量绝对是真实的；其次，主力要对倒，手中必须得有筹码，这往往是大量吸筹的主力才能做到的，刚建仓的主力和游资都无能为力；最后，对倒这种造假方式成本也是不小的，对倒的时候主力不可避免地要吃掉一些散单，大量成交单子的手续费也是一笔不小的支出。

综合来说，成交量还是最不易造假的一个指标。因此，在考察买卖力量时运用成交量以及均笔成交量、内外盘等与成交量相关的指标是最好的选择。

1.1.4 所有指标都是"量、价、时"的延伸

技术分析理论按研究对象可分为原始分析和指标分析两种。原始分析是指以原始数据（价格、成交量和时间）为对象进行直接分析；指标分析是指以

指标为对象进行间接分析，其中，指标是由原始数据转化而来的。也就是说，指标分析是建立在原始分析基础上的，一切指标都是量、价、时的延伸。

比如累积能量线OBV的计算公式为：今日OBV=昨日OBV+sgn×今日成交量。其中，sgn是符号的意思，sgn可能是+1（今日收盘价≥昨日收盘价），也可能是-1（今日收盘价<昨日收盘价），可见，OBV与股价和成交量有关。

移动平均线MA是根据不同天数将股价进行简单或加权平均得到的，分为简单移动平均线和加权移动平均线。可见，MA主要与时间和股价有关。

成交量比率*VR*的计算公式为：$VR=\dfrac{VR1}{VR2}\times100\%$。其中，*VR*1表示N日内股价上升日交易金额总和+（1/2）N日内股价不变交易金额总和，*VR*2表示N日内股价下跌日交易金额总和+（1/2）N日内股价不变交易金额总和。可见，VR指标主要与时间和成交量有关。

相对强弱指数RSI公式为（以15日RSI为例）：RSI15=100×[15日涨幅平均值/（15日涨幅平均值+15日跌幅平均值）]。可见，RSI指标与成交量、时间、价格都有关系⋯⋯

这些指标，无论多复杂都不会超脱于"量、价、时"三者之外。

看到这里，肯定有读者想问："既然你说量价关系是研究股价变动最直接有效的方法，那么为什么还会有那么多指标分析存在，肯定是创立这些指标的人觉得量价分析不好啊。"其实，不是量价分析不好，只是任何一种分析都无法面面俱到，指标分析是为了解决一些量价分析无法判断的情况而出现的。

相信大家都听过曹冲称象的故事：

有一次，孙权送给曹操一只大象，曹操十分高兴。大象运到许昌那天，曹操带领文武百官和小儿子曹冲一同去看。曹操的人都没有见过大象。这大象又高又大，光说腿就有大殿的柱子那么粗，人走近去比一比，还够不到它的肚子。曹操想知道大象的重量，就向属下询问方法。大臣们想了许多办法，一个个都行不通。

这时曹操心爱的儿子曹冲对曹操说："我有办法！"曹冲领着众人来到河边，河里停着一条大船，曹冲叫人把大象牵到船上，在船舷上齐水面的地方刻了一条线。再叫人把大象牵到岸上来，把一块块砖头往船上装，等到船身沉到刚才刻的那道线的时候就停止，然后让人数砖头的数量，并称出一块砖头的重量，通过简单的计算便算出了大象的重量。

> Tips：我之所以说曹冲称象这个故事是告诉大家，量价分析就好像一把普通的秤，能称大多数东西，但总有一些东西是这把秤称不了的，这时候就必须运用一些特殊的方法来称这个东西，这些演变而来的称量方法相当于股市中的指标分析。

可是我们要知道，每一步转化都会有误差，转化方法越复杂，误差越大。很多人不管碰到什么情况，一上来就用指标分析，可能是因为他们觉得越复杂的东西越高端，也可能是受了一些故弄玄虚的人蛊惑，总之我认为这种做法很不可取。如果仅仅是称几块砖头的重量，你非要用曹冲称象的方法去称，不仅过程复杂，而且相比用秤直接称误差肯定更大。

所以，做技术分析的时候我们要时刻握紧量价分析这把"秤"，当碰到这把"秤"无法称量的时候，我们再考虑转化方法，也就是指标分析。

1.2　量价分析的精髓：成交量是如此变化的

1.2.1　成交量的变化情况远比你想的复杂

有些人认为成交量的变化无非就是三种情况：放大、缩小和持平。从分类上来说确实如此，但是在做量价分析时只按照这三类进行区分是远远不够的。比如说成交量缩小的情况，买方力量减少会导致缩量，卖方力量减少也会导致缩量，买卖双方力量都减少还会导致缩量，这三种情况传递给我们的信息能一样吗？

好比你去西服店买西服，老板告诉你："不好意思，本店不做您的生意。"这是卖家不卖给你的情况；再看另一种情况，你看了半天对老板说："货太次，看不上，告辞。"这是作为买家的你不愿意买的情况。这两种情况卖家和你之间都没有成交，但这两种情况下的零成交量所代表的含义能一样吗？

再好比，店家优惠大酬宾，你一口气买了很多件西装，这是卖家降价促进你的购买欲望；你买彩票中了五百万想要挥霍一下，对店家说："从那儿到这儿全给我包起来，我全要了，有钱任性！"这是作为买方的你的经济实力增强了而选择加大购买。这两种情况你和卖家之间都发生了多笔交易，但是这两种情况下的高成交量代表的含义能一样吗？

Tips：这些情况显然都不一样，但是只看成交量的结果，它们是一样的。所以，我们对成交量的研究不能只停留"放、缩、平"的水平，我们要从买卖力量变动的角度来区分成交量的变化。

由于成交是一件双向的事，成交量的大小是由买卖双方中力量较小的一方来决定的，因此成交量是放大还是缩小主要看该交易日买卖双方中力量较弱的一方与前一个交易日买卖双方中力量较弱的一方谁强。如果该交易日的强，那么就是放量；如果上个交易日的强，那么就是缩量。

这又要分情况讨论了，如果两个交易日买卖双方中力量较弱的是同一方是什么情况，如果两个交易日买卖双方中力量较弱的不是同一方又是什么情况。可见，要真正弄懂成交量的变化是一件非常困难的事，接下来我将具体介绍几种情况来帮助大家理解。

1.2.2　放量之一：一方开始发起进攻

"原本多空双方势均力敌，这时候突然某方的力量增强就会导致放量。"我这么说你肯定会质疑我，因为我之前说了成交量的大小是由多空双方中力量较弱的一方决定的，这时候仅仅一方力量增强了，而另一方没有变化，成交量应该不变才对，怎么会放大呢？错了，其实另一方也会增强，不过是动态增强。

接下来我就以多方力量增强为例来说明，多方力量增强意味着买股票的人变多了，而买的人多卖的人少，供不应求，股价就会上涨。

Tips：很多股民对于抛售都有一个目标心理价位，当股价涨到某个价位时他们就会选择抛售，因此在股价上涨过程中势必触及这些价位，当达到这些价位时卖股票的人就会增多，空方力量也随之而增强。

为了说得更清楚，来画个图好了，如图1-2所示的空方力量动态变化示意图。原先多方只有A，空方只有甲，因此多空双方力量一致，成交量为1；突然多方力量增强了，B、C、D、E、F纷纷加入多方阵营，此时由于多方力量强于空方，股价就会被推高；但是在股价被推高的过程中触碰了N1和N2这两个价位，乙早早就决定当股价涨到N1价位时就把股票抛售，丙则是决定当股价涨到N2价位时就把股价抛售。因此随着股价上涨，乙、丙也加入空方阵营。

可见，空方力量由于股价上涨而增强了。同时，成交量也从原来的1变为现在的3，成交量就是这么放大的。反过来，由于空方力量突然增强导致的下跌情况也是同理。

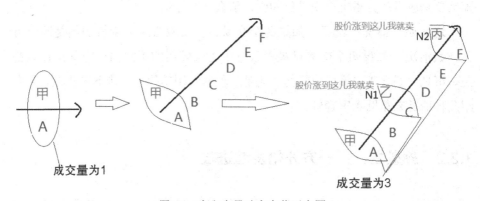

图1-2　空方力量动态变化示意图

来看看中环装备（300140）的例子，如图1-3所示的中环装备2017年4月至2017年6月期间日K线图。在图1-3中标记的成交日之前该股处于横盘阶段，可以看出此时多空双方势均力敌，然而股价开始上涨意味着多方力量强于空方，势均力敌的局面被打破。成交量放大则是因为股价在上涨过程中触及了部分股民的目标卖出价位。

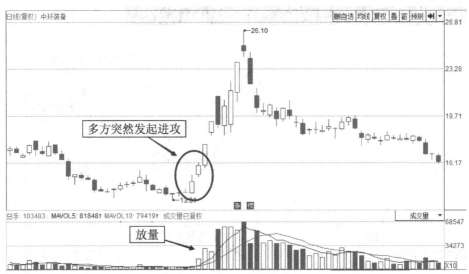

图1-3 中环装备2017年4月至2017年6月期间日K线图

1.2.3 放量之二：趋势被质疑

首先需强调一点：当趋势受到肯定时，成交量肯定是不大的。以上涨为例，大家都认可一只股票的上涨趋势，大家都觉得股价会继续上涨，那么持有这只股票的人还会卖吗？显然不会。没多少人卖股票，那股票的成交量自然就小。那么，什么时候成交量才会放大呢？卖方逐渐增加的时候；那卖方什么时候会逐渐增加呢？当趋势逐渐被质疑的时候。

来看看焦作万方（000612）的例子，如图1-4所示的焦作万方2016年1月至2016年8月期间日K线图。图1-4中所标记出的交易日恰好是涨势结束的交易日，该交易日的成交量显著放大，结合此交易日之前的强势走势可知，此时买盘是非常大的。但是之前的成交量并不大，是因为大部分散户都对股价继续上涨有信心，所以卖盘比较小，成交量不大。而此时成交量放大说明卖盘开始增多，这说明部分散户开始对涨势质疑了，意味着涨势快要结束了，因此焦作万方的股价走势在该交易之后便由涨转跌。

Tips：这里举例的股票处于上涨趋势，反过来股票处于下跌趋势时也一样，只要在趋势形成后放量就代表趋势开始被股民质疑。

图1-4　焦作万方2016年1月至2016年8月期间日K线图

1.2.4　放量之三：交投氛围变活跃

交投氛围的改变也会造成成交量的变化，交投氛围变活跃时，买的人多卖的人也多，成交量自然会放大。

Tips：这时候的放量与多空博弈和主力动向都没什么关系，纯粹是因为参与炒股的玩家增多了。就好像原先10个人参加的比赛增加到20个人，那比赛肯定会更激烈。

来看看上证指数（000001）的例子，如图1-5所示的上证指数2014年4月至2014年12月期间日K线图。图中标记了三个横盘阶段，每个阶段的成交量水平都要比上一阶段要大，这正是交投氛围不断活跃的标志。我们可以发现，从一个横盘阶段到另一个横盘阶段是通过放量上涨实现的，这个放量上涨正是场外资金入场的标志。

同时，这些资金入场和游资炒作个股不一样，游资入场炒作个股同样会引起放量上涨，但是游资"捞一笔"之后就会撤退，成交量无法维持在放量之后的水平。而这里的入场资金则是切切实实地加入到市场的博弈当中去，这是市场回暖和交投氛围变活跃的标志，也往往是大行情即将出现的信号，如图1-5中所标记的三个横盘阶段之后就出现了2015年的大牛市。

有一点要提醒各位的是，交投氛围变得活跃并不意味着接下来股价会上涨，交投氛围变活跃的情况是多空双方力量同时增强导致多空交锋变得激烈，这种激烈的交锋很快就会产生结果，也就是形成趋势。但是趋势究竟是向下还是向上是不一定的。这里只是以上涨来举例，究竟是上涨还是下跌得看多空激烈交锋之后的结果。

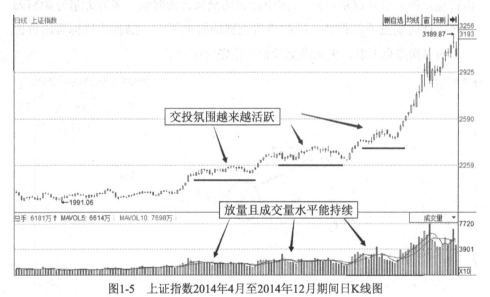

图1-5　上证指数2014年4月至2014年12月期间日K线图

1.2.5　缩量之一：一方发起进攻后后劲不足

由放量的第一种情况我们可以知道，在趋势将要形成时，成交量放大是因为股价被单向推动触及股民的目标价位导致另一方力量增强而形成的。上涨的时候触及的是股民的目标卖出价位，卖方力量增强导致放量；下跌的时候触及的是股民的目标买入价位，买方力量增强导致放量。

成交量放出多少和股价被推动的幅度有关。以上涨为例，股价上涨了9%肯定比股价上涨了3%触及的目标抛售价位要多。因此在这个阶段，成交量放大是由股价涨幅决定的，而股价涨幅是由多方力量决定的，如果多方发起进攻却后劲不足，就会导致成交量开始缩小。

来看看太安堂（002433）的例子，如图1-6所示的太安堂2014年12月至2015年4月期间日K线图。在图1-6中标记的交易日之前太安堂的上涨伴随着放量，正是我在1.2.2节中所说的放量第一种情况：一方开始发起进攻。太安堂此时的上涨便是由多方发起进攻导致的，因为股价被推高触及部分股民的目标卖出价位，所以会有放量。到1-6图中标记的交易日的时候，多方力量开始后劲不足，此时买盘不是很多，同时股价上涨的幅度不大，触及的目标卖出价位少，所以卖盘也不多，因此成交量相比原先就缩小了。

图1-6　太安堂2014年12月至2015年4月期间日K线图

1.2.6　缩量之二：趋势获得认同

还是以上涨为例，趋势被肯定时大家都认为股价会上涨，卖股票的人会逐渐减少，而卖方原先就是力量较弱的一方，现在变得更弱，所以成交量会缩小。极端的例子是个股封涨跌停板时往往是无量的，这是因为封涨停板时没人卖，封跌停板时没人买导致的，这是趋势被极度肯定的情况。

　　Tips：要注意区分这种情况和1.2.5节中缩量的第一种情况。第一种情况是趋势夭折的信号，而这种情况是趋势被确立的信号。前者的特点是缩量当日的涨幅一定比前一个交易日小；后者的特点是缩量当日的涨幅一定比前一个交易日大。

　　来看看启明星辰（002439）的例子，如图1-7所示的启明星辰2012年10月至2013年3月期间日K线图。图中标记的交易日是一次缩量上涨，股价能大涨说明多方力量远强于空方力量，与此同时成交量是缩量的，说明卖股票的人很少。此时的上涨很强势，股价很有可能会继续上涨，启明星辰之后没几日便迎来了一个涨停。

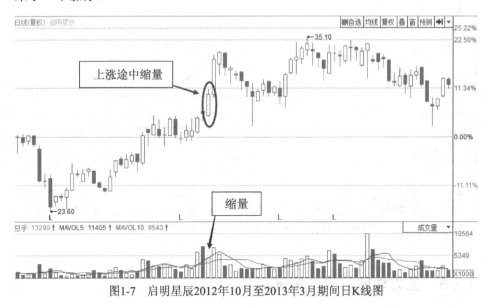

图1-7　启明星辰2012年10月至2013年3月期间日K线图

1.2.7　缩量之三：交投氛围变低迷

　　与放量的第三种情况相对，交投氛围变活跃会导致成交量放大，反过来交投氛围变低迷，自然会导致成交量缩小。这种缩量也与趋势和主力没有关系，而是源于市场人气的变动。投资者对股市有信心，炒股的人多了，交投氛围自然活跃；投资者对股市不看好，炒股的人少了，交投氛围自然低迷。

　　来看看*ST坊展（600149）的例子，如图1-8所示的*ST坊展2017年4月至2017年7月期间日K线图。首先*ST坊展经历了一段大跌，这个下跌跌去了不少人气，但是大跌刚结束时交投氛围还不算低迷，因为有很多被套牢补仓的散户和抄底的散户。但是随着股价长期横盘，这部分散户也失去了信心，要么离场要么锁仓装死，所以市场的交投氛围变得低迷，反映到成交量上就是缩量。

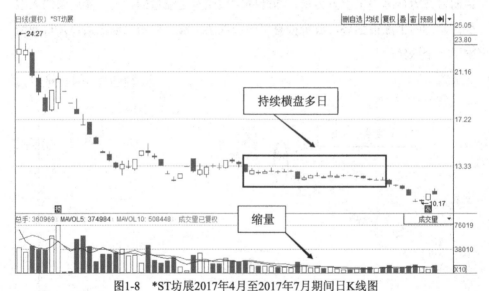

图1-8　　*ST坊展2017年4月至2017年7月期间日K线图

1.2.8　主力动向对成交量的影响

　　接下来，我们来说说主力动向对成交量的影响。首先必须要强调的是，主力对成交量的影响很有限，比如当上涨趋势很受肯定时，主力挂买单对成交量并没有什么影响，因为卖股票的人少，所以成交量不会放大。极端点的例子，封涨停板时成交量接近0，主力挂再多买单成交量还是接近0，主力只有挂卖单才会对成交量造成影响。

也就是说，主力动向是符合"成交量由多空双方中力量较弱的一方决定"这个规则的，而之前说的六点也是符合这个规则的，因此对主力常见的下述四种行为不一一解析，类比1.2.2节至1.2.7节所述的六种情况做个概述。

吸筹相当于1.2.2节+1.2.5节，主力买入就相当于买方发起进攻，但吸筹阶段主力不会持续拉升，所以多方后劲不足。

洗盘相当于1.2.3节+1.2.7节，主力逆势打压股价导致放量，下跌后交投氛围低迷。

拉升相当于1.2.2节+1.2.6节，主力带领多方进攻，开启上涨趋势，伴随着强势拉升，趋势获得广泛认可。

出货相当于1.2.3节+1.2.4节，主力资金体量大，上涨趋势时买盘旺盛，此时主力出货导致卖盘增多，成交量必然放大；同时主力出货出得太猛导致股价下跌得太快，因此主力还要通过制造成交活跃的假象来诱多，吸引散户跟风后再继续出货。

> **Tips：** 以上这四种行为都是主力站边的行为，也就是说主力在参与多空博弈时选择了一方加入。但是主力还有一种不站边，自己左手倒右手的行为叫作对倒，对倒也会导致成交量放大。

所谓对倒是指主力自己挂大量买单和卖单，用自己的买单吃掉自己的卖单，制造一种成交活跃的假象。因为"量在价先""成交量是股价上涨的能量"这些不严谨的观念深入人心，所以，很多股民看到放量就以为是上涨趋势开始，跟风买入。

来看看龙星化工（002442）的例子，如图1-9所示的龙星化工2012年2月至2012年6月期间日K线图。图中标记的交易日主力便是进行了对倒，我们可以发现该交易日成交量相比前几日而言非常大，这显然不是多空博弈的结果。主力对倒制造出的交投活跃的假象，吸引到跟风盘之后就要开始出货了，我们可以发现在该交易日之后股价就开始连续走跌。

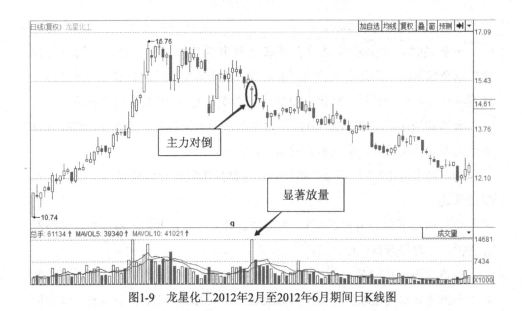

图1-9　龙星化工2012年2月至2012年6月期间日K线图

1.3　量价分析的两个角度

量价分析一定要分角度来进行。当纯粹是散户在买卖时，我们依据多空双方的博弈情况就能判断趋势，而如果存在主力的话，主力才是真正的主导者，因此凡是一概而论不区分多空博弈和主力动向的量价分析都是不入流的水准。在本节中只简单介绍一下这两个角度，在后面的章节中不仅会专门讲述这两个角度的量价分析，而且本书在所有量价形态的分析中都贯穿了对这两个角度的区分。

1.3.1　角度一：多空博弈

成交量最简单、最直观地体现了多空双方的交锋力度。量能放大，说明多空双方交锋变得激烈；量能缩小，则说明多空双方交锋趋于平缓。将多空交锋的激烈程度和价格走势相结合，就能判断出多空博弈的结果。

值得注意的是，我们要判断的不仅仅是哪方在博弈中占了上风，还要详细了解多空双方博弈的具体过程。如果只是判断多空博弈中哪方占了上风那太容易了，股价上涨时肯定是多方占上风，股价下跌时肯定是空方占上风，只看股价就够了，根本用不着看成交量。

但是占上风只是一时的，想预测后市走势，必须要知道多空博弈的具体情况，并且不仅要知道当前的多空博弈情况，还要动态地观察博弈情况是如何变化的。

首先，来说说为什么要搞清楚多空博弈的具体情况，这就好像两军交战的时候，你看哪一方在把战线往另一方推进就知道哪一方处于上风，但是推进战线时遭遇强烈顽抗和对方毫无抵抗所透露的信息是完全不一样的，因此要搞清楚多空博弈的具体情况。

然后，再来解释为什么还要动态地观察博弈情况是如何变化的，这是因为变化是有趋势的，找到趋势就能预测市场走向。比如你看某日成交量很大只能说明多空交锋很激烈，如果你对比前日发现成交量越变越大，这说明多空交锋越来越激烈，说明双方分歧越来越大，这往往是趋势改变的信号，这是只有动态地观察多日的多空博弈情况才能得到的信息。

Tips：多空博弈角度的量价分析核心只两个字——趋势。我们要做的是找到趋势，然后顺势而为。

因为多空博弈的趋势变化往往很稳定，这得益于多空双方的散户数量众多，数量少的团体中个体对团体的影响较大，而数量多的团体的集体氛围也就是趋势很难因个体而改变。比如两个小团体在打架，两边都是五个人，双方打得势均力敌，结果一方有个人接了个电话说老婆生孩子，他便匆匆地走了，他这一走他们这一方处于下风了，这就是趋势的改变。

而若是两军交战出了几个逃兵呢？这丝毫不影响战局吧。因为个体的行为会受到一些突发性事件影响，比如某个多头因为家里有人生病急需用钱，他肯定会卖股票应急，但是他只是千千万万个多头中的一个，他从做多转向做空并不会影响整个趋势。所以在没有主力参与的情况下，多空博弈的趋势很稳定，它的改变是渐变的而不是突变的，我们能够根据趋势的强弱程度决定何时顺势而为、何时掉头倒戈。

多空博弈角度的量价分析相比主力动向角度的量价分析还有一大特点，即前者既适用于个股也适用于大盘，而后者只适用于个股。只有当有主力的资金量能够淡化多空博弈，影响个股走势，我们才会从主力动向角度进行分析，但哪有主力有实力影响整个A股市场呢。这好比一条大鱼在小池塘里能掀起波澜，而如果把它丢入大海中，那它和池塘中扑腾的小鱼没什么区别。

因此，如果有人谈论大盘时还在谈什么主力操盘或是将一些从主力动向角度分析出来的技术形态套用在大盘上，这个人一定是在招摇撞骗。也正是因为没有任何机构有实力影响大盘走势，所以我们在分析大盘走势的时候直接从多空博弈角度分析即可，而不用像个股还得先去判断有没有主力。

1.3.2　角度二：主力动向

多空博弈就像是两军交战，根据目前的交战形势我们就能大致判断哪一方占据了上风，而主力如同一个能力敌千军的巨人，他选择站边某一方，那一方就会占上风，如果他改换门庭，那么这一方立马就会败下阵来。

当战场上有这个巨人存在的时候，我们最重要的是要考虑这个巨人接下来会站边哪一方。也就是说个股存在主力的话，主力才是个股走势的制造者和引导者，所以对于个人投资者而言，发现主力动向，识别主力意图，跟随主力进行操作是从股市获取利润的一条捷径。

在此我们简单介绍一下主力一般有哪些动向。主力主要有四种动向，吸筹、洗盘、拉升和出货，接下来我们依次来看看它们各自的特点。

吸筹指的是吸收筹码，"筹码"这个词源于博彩场，用于股市指的是上市公司在二级市场发行的流通股。不论是在博彩场还是股市中，持有越多的筹码就越有话语权。主力要操盘一只股票首先要收集大量的筹码，大到能按照自己的意愿影响甚至控制股价波动。

主力吸筹的方法是多种多样的：有的主力喜欢在利空之时大量买进，有的主力喜欢在一字跌停板开板后大量买进，有的主力喜欢多批次少量地买进，有的主力喜欢将股价压制在一个较窄小的范围内长时间震荡……总之，吸筹是一门技术活，如果主力吸筹过猛的话，会引发这只股票迅速上涨，吸引很多跟风盘来抢筹码，这样的话主力收集筹码就会变得很困难，同时股价会进一步上涨，主力继续吸筹的成本也会增加，这种情况是主力极力避免的。

关于洗盘，洗盘指的是主力在拉升前主动打压股价，洗出浮动筹码的过程。洗盘有两个目的，第一个目的是把意志不坚定的散户赶走，经历了洗盘还不抛售的股民要么是坚持长期持有的，要么是坚定看多的，在拉升过程中他们不会轻易抛售。反倒是那些一遇到大跌洗盘就抛售的股民，在大涨时他们就会抛售得很快，这会给主力拉升带来压力，因此主力要把他们洗出去。

洗盘的第二个目的是通过大幅打压股价，使配资盘爆仓。主力在拉升过程中最害怕的是什么？当然是大力抛压所引发的抛售浪潮，而大力抛压往往来自配资盘。

配资是给资金加杠杆，但是在配资的时候券商会给资金划一个平仓线，账户上的资金低于平仓线称为爆仓，爆仓之后你可以选择继续追加保证金，如果不追加，证券公司就会强行卖出你持仓的股票停止配资。在洗盘过程中，股价大幅下跌，大量配资盘爆仓并被强行清出，配资盘少了，股价上涨过程中就不容易遭受大力度抛压，有利于股价的拉升。

关于拉升，拉升就是让股价上涨。主力拉升股价最常用的手段是对倒，那么什么是对倒呢？对倒指的是左手倒右手，一个人左手拿着一块钱，右手拿着一个鸡蛋，他用左手的一块钱去买右手的鸡蛋，买完之后他左手拿着一个鸡蛋，右手拿着一块钱。交易前和交易后这个人都拥有一块钱和一个鸡蛋，这一点没变过，变的只是钱和鸡蛋在不同的手而已，这种自导自演的交易被叫作对倒。

那么对倒为什么能拉升股价呢？说个故事大家就明白了，有个收藏家带着一块玉去参加拍卖会，然后他雇了一个人用他的钱去竞标，最后他雇的人以很高的价格买下了玉，当然买玉的钱和玉都还是商人的，这一过程唯一的作用就是把玉的价格炒高了。不久之后，收藏家就以拍卖会上的成交价把玉卖给了一位富商，大赚了一笔。

关于出货，炒股要赚钱讲究一个"高抛低吸"，这个散户都明白的道理主力怎么可能不知道，股价经过拉升阶段进入高位区后当然要开始筹划卖出，只有卖掉才能赚到真金白银，否则只是一堆价格虚高的泡沫。

出货是主力操盘的最后一个步骤，也是最考验操盘水平的一个步骤，前三个步骤中主力都处于一种能进能退的状态，吸筹吸不到大不了吸慢点，洗盘洗不好大不了洗久点，拉升不顺利大不了拉低点，但在出货阶段如果没有足够的散户接盘的话，股价会一泻千里，主力的货还没出掉多少，股价就跌到了持仓成本以下，不仅无利可图还折了本。

Tips：接盘的散户越多，主力出货成功率就越高，但是这时候股价肯定不高。股价越高时主力出货成功的话，盈利越多，但是这时候接盘的散户肯定不多。经验丰富的市场主力能掌握好二者之间的平衡，实现利益最大化。

股市主力操盘在不同的阶段会有不同的行为，因此每个阶段都会呈现出截然不同的量价形态，我们要做的是在发现主力行踪后，依据量价形态判断主力动向，然后识别主力意图，进而做出相应的投资策略。

1.3.3　追求两个角度殊途同归的判断结果

抛硬币的时候你可能连续几次都抛到同一面朝上，但只要抛的次数足够多，你就会发现抛某个面朝上的次数接近于你抛硬币总次数的一半。这是因为抛硬币抛出某面向上的概率就是50%。次数少时由于受到运气影响抛硬币哪面朝上看起来毫无规律，而次数一多频率就会表现得与概率相符。就好像很多投资者刚开始的时候由于个人运气和大盘原因收获颇丰，但随着买卖次数的增多，他亏钱的次数也越来越多，这是因为他的投资策略成功的概率达不到50%。时间会让概率显现出它的力量。

Tips：投资者所要追求的不是某一两次的胜利，而是要想尽一切办法提高个人投资策略的成功概率。

追求多空博弈角度和主力动向角度殊途同归的判断结果便是出于这种目的。很多时候我们选择的分析角度未必准确，如果这两个角度分析出来的结果是相反的，角度选择错误带来的结果很致命，为了规避风险我们就要放弃这次机会，只有两个角度预测的结果都表示后市可期时我们才可买入。

这样谨慎的态度看起来让你少了很多盈利的机会，事实上这才是在股市持续盈利的唯一途径。有很多投资者见到机会时总会觉得"过了这村没这店"而不顾风险买入，其实过了这一村还有下一村，过了这一店还有下一店，没有什么非操作不可，还会有更好的（机会），重要的是你要活着留在这个市场中。

接下来我们就来看两个例子，第一个例子，低位横盘后小放量下跌，如图1-10所示。

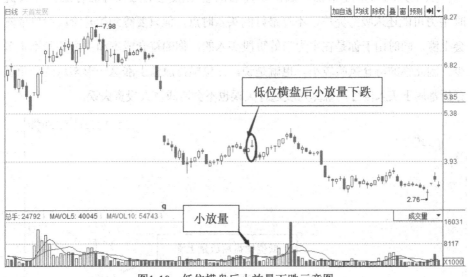

图1-10　低位横盘后小放量下跌示意图

从多空博弈角度来看，低位横盘后小放量下跌是多空博弈由势均力敌转向空头占上风，股价下行过程中触及部分散户的目标价位导致买单增多，产生放量，这时候空头有望进一步碾压多头，所以股价看跌；而从主力动向角度来看，低位横盘后小放量下跌是主力吸筹完毕后拉升前夕的一个洗盘过程，在洗盘结束后股价很有可能进入快速上涨的过程。因此这种形态从两个角度判断出的却是完全相反的结果，我们要是选错了角度一定会导致亏损。虽然我在后面会说不少用来区分两个角度的方法，但还是请各位朋友保持谨慎。

Tips：这里特意强调了小放量，这是因为主力吸筹是一个"磨"散户的过程，当洗盘时散户对该股的关注度已经很低了，所以主力向下打压时买入的散户不多，不会放大量。

再来看第二个例子，低位横盘后放量上涨，如图1-11所示。

从多空博弈角度来说，低位横盘后放量上涨是因为多空博弈形势由双方势均力敌到多头逐渐占据上风，在股价被上推的过程中股价触及部分散户的目标卖出价位而导致卖单增多，产生放量，这种情况多方有望进一步碾压空方，就算多方力量后继不足，趋势改变也是一个渐变的过程，我们有足够的时间离场。

从主力动向角度来说，低位横盘后放量上涨是主力吸筹的标志，尽管此时主力可能还未吸筹完毕，不算最好的买入时点，但只要等到拉升阶段股价依然会上涨，同时由于你是在主力吸筹阶段买入的，你的持仓成本和主力的差不了多少，因此你的持仓风险较小。也就是说，低位横盘放量上涨这一形态从两个角度分析都属于买入信号，就算角度选择失误也不会造成重大投资失误。

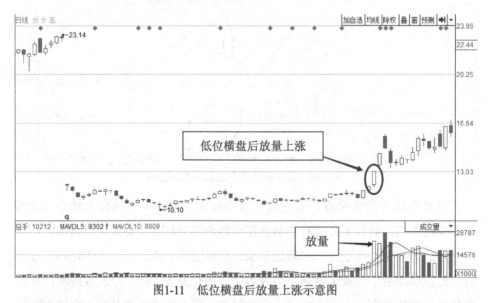

图1-11　低位横盘后放量上涨示意图

Tips：三国战神赵云说过一句话："能进能退，乃真正法器。"能进能退，便是选择从两个角度判断殊途同归形态的好处。

第2章

成交量及相关盘口数据的运用

《老子》中有这样一句话："合抱之木，生于毫末；九层之台，起于累土；千里之行，始于足下。"这句话是讲做事要从最基本开始，经过逐步积累，才能有所成就。对于量价关系而言，最基础的就是成交量及其相关数据的定义，我们本章就来介绍一下成交量及其相关盘口数据的定义及运用。

2.1 成交量、成交金额和换手率

很久以前，在山的那边，海的那边，有一个糖果交易所，交易所有小猪和小熊两个会员，两个拥有的糖果总数是100个。某天上午小猪以3元/个的价格卖给小熊4个糖果，下午又以4元/个的价格卖给小熊3个糖果。那么这一天，在这个糖果交易所成交的糖果总量是4+3=7个，因此当天的成交量是7个；这一天成交的总金额一共是3×4+4×3=24元，因此当天成交金额是24元；这一天到手的糖果为3+4=7个，而糖果总共有100个，因此当天换手率为7/100=7%。

看完这个小故事，再来深入了解成交量、成交金额、换手率三者的定义。成交量是成交的数量，成交金额是成交的金额，换手率是交易的股份占总股本的比率。成交一直都在进行，成交量、成交金额和换手率肯定表示的只是一段时间内的交易情况，因此它们前面往往会加上一段时间，如日成交量、月成交量、日换手率、周换手率等。

成交量是指一段时间内股票被买进或被卖出的数量，以单边交易的形式来计算。以单边交易形式来计算的意思是，如果甲卖了1手股票给乙，乙从甲那里买了1手股票，那么成交量是1手，因为成交量只从甲或乙的单边角度考虑。而另一个数据交易量是以双边交易形式统计的，也就是一段时间内买卖双向总成交数量，就这个例子而言交易量是2手。

成交量的单位可以是股，也可以是手（1手=100股），但惯用的是手，因为手是最小的买卖委托单位。盘口数据中有一个总手，总手是指当日开盘至现在为止的总成交股数，如果截止时间为收盘之后，总手所代表的就是该成交日该股成交的总股数，也就是当日的成交量。如图2-1中1所示，2017年4月21日华夏幸福的日成交量为139.3万手。

成交金额是指一只股票每笔成交股数乘以相应成交股价累加得到的总和。如图2-1中2所示，2017年4月21日华夏幸福的成交金额是49.61亿元。

Tips：成交金额展现的是一只股票资金流入流出的情况，相比较而言成交量更直观、更通用，但是成交金额在一些特定情况下能够反映出一些成交量反映不了的东西。

比如单看日成交量和日成交金额的话，股价涨幅很大的情况下，日成交量可能没什么变化，但是这未必意味着多头力量没有持续加强，这时候可能成交金额在不断放大。因为股价变高了，成交的股数虽然没什么变化，但是这些成交股票的成交价格都比前一日高很多，从多头角度来说同样是多头买了100万手的货，1元的时候买和1.1元的时候买其实力度是不一样的，所以从资金角度来说，多头力量未必是在减弱。

换手率是指一段时间内股票转手买卖的频率。其计算公式为：换手率=每日成交量/股票的流通股本。换手率可以反映出股票流通性的强弱，我们还可以通过对换手率的研究和分析来掌握个股的活跃程度和主力的动态。换手率越高，表明交投越活跃，市场购买意愿越高；反之，则表明交投萎靡，市场购买意愿比较低。

观察图2-1可以发现，盘口中除了换手率还有换手率[实]这个数据，它指的是实际换手率。实际换手率与一般换手率的区别在于，一般换手率的计算公式的分母是"流通股本"，而实际换手率的计算公式的分母是"实际流通股本"。因为很多公司的控股股东、管理层、战略投资者等不会轻易抛售他们持有的流通股，所以这部分流通股其实和非流通股没有多大区别。实际流通股本是在流通股本的基础上剔除了这部分基本不流通的股票，它更真实地反映了市场上流通股份的情况。

Tips：这两种换手率该如何应用呢？做比较分析的话不用那么精确，采用一般换手率即可，做定量分析如量化择股的时候则采用实际换手率更佳。

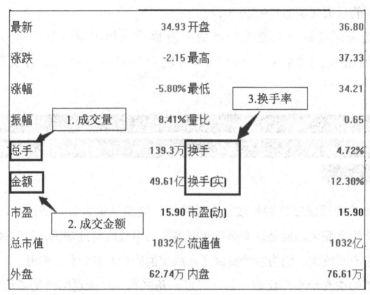

最新	34.93	开盘	36.80
涨跌	-2.15	最高	37.33
涨幅	-5.80%	最低	34.21
振幅	8.41%	量比	0.65
总手	139.3万	换手	4.72%
金额	49.61亿	换手(实)	12.30%
市盈	15.90	市盈(动)	15.90
总市值	1032亿	流通值	1032亿
外盘	62.74万	内盘	76.61万

图2-1 华夏幸福2017年4月21日盘口

既然要研究量价关系，就不可能静态地观察某个时期成交量的多少，而是要动态地比较个股成交量的变化；也不能只盯着个股，还得将个股的成交情况和基本面相近的股票做一个比较。要做好这两点，就得抓住成交量柱和换手率作为比较分析数据。

（1）通过成交量柱来观察成交量的动态变化。如图2-2成交量柱示意图所示，成交量的增和减由成交量柱的长和短直观地反映了出来，因为我们需要知道的只是成交量放大了还是缩小了，所以只要观察成交量柱是变长了还是变短了就行。我们甚至不需要知道成交量的具体数据，它对我们研究量价关系毫无帮助。

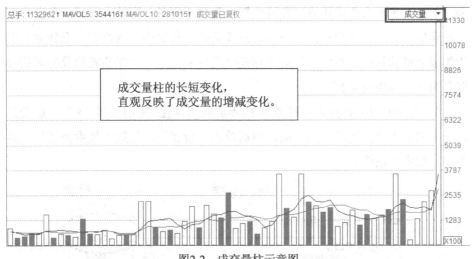

图2-2　成交量柱示意图

（2）通过换手率比较个股与其他股票的成交情况。横向比较成交情况一定要选用换手率来比较，为什么呢？

Tips：考察一个人爱不爱你，不是看他给了你多少，而是看他给了你的占他有的的比例。如果他有很多却给你点小恩小惠，不算什么，如果他只有一个馒头，分你一半，绝对是真爱啊。

成交情况也是这样，成交量大不意味着个股活跃，只有成交股数占流通总股本比例很大才能算活跃，能够反映这个比例的只有换手率。

2.2　均笔成交量

均笔成交量也可以称为平均每笔成交量或每笔均量，其计算方法很简单，用一段时间的成交总股数除以该段时间的成交总笔数即可得到均笔成交量。在实盘操作中，一般以"交易日"这个时间周期来表示它。

在同花顺普通版中是没有均笔成交量这个指标的，如果你购买了需要付费的"同花顺Level-2版"的话直接输入"JBCJ"就可以看见均笔成交量的走势。但是大多数人肯定不愿意花这个钱，我也不愿意，那就自己写一个公式。同花顺软件是支持用户根据自身需求新建公式和指标的，我决定自己新建一个均笔成交量的指标，系统默认的名称是"均笔成交量"，那我就给我的新指标取名为"均笔成交量2"。

如图2-3所示，首先在同花顺PC版界面同时按住"Ctrl"和"F"，就会弹出一个名为"公式管理"的页面，然后单击"新建"，勾选"技术指标"，再单击"确定"按钮。

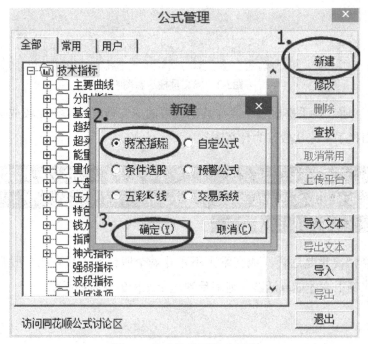

图2-3　公式管理页面示意图

单击"确定"按钮之后，会弹出一个名为"公式编辑"的页面，如图2-4所示。进入页面后，首先在名称一栏输入"均笔成交量2"，描述一栏规定不能为空，随意输入一些文字即可；然后在下方输入公式的地方输入"VOL/VOLAMOUNT/100"；最后单击"确定"，新指标就建好了。

"VOL"表示的是成交股数，"VOLAMOUNT"表示的是成交笔数，因此前者除以后者就是均笔成交量。但是"VOL"的单位是股，均笔成交量的单位是手，所以还要除以100。

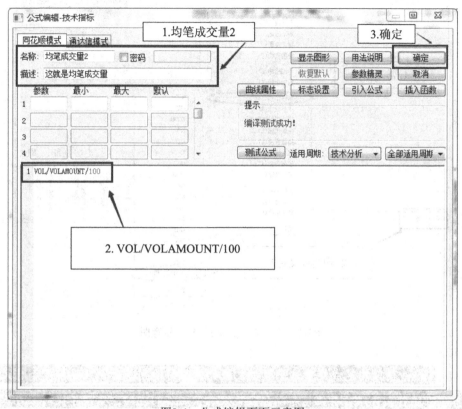

图2-4 公式编辑页面示意图

接下来就是将新指标导入了，在指标区单击鼠标右键，然后选择常用指标，接着选择"均笔成交量2"，指标区的走势图就变成均笔成交量的走势图了，如图2-5所示的"均笔成交量2"导入示意图。

均笔成交量其实是一个反映大资金进出情况的指标，我们需要对其给予一定重视，主力在操纵股价过程中所运用的手段往往会通过均笔成交量呈现出来。

A股市场的主流力量是散户，但是散户受到个人资金量的限制，很难有单笔数万股、数十万股以上的成交，散户的单笔成交一般是几百到1000股最为多见。而主力在吸筹和出货的过程中必然伴随着大资金的进出，大资金流入和流出不可能总是几百股地成交，其每笔成交股数必然较大。

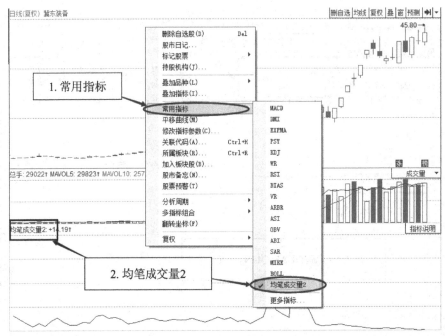

图2-5 "均笔成交量2"导入示意图

> Tips: 借助均笔成交量这一数据，我们能很好地判断出一只股票是否有大资金在运作，并结合其他信息综合分析大资金运作的方向，从而寻找到主力正在建仓或者已经高度控盘的黑马股。

在此简单总结几点均笔成交量的使用技巧。

（1）主力建仓时的均笔成交量。主力在建仓的时候，必然会连续大手笔地吃进某只股票，该股的均笔成交量会不断呈现较大值。

（2）主力高度控盘时的均笔成交量。主力高度控盘之后，散户手中的筹码就较少，因此稍大一点的资金流动就能使均笔成交量放大。

打个比方，小红所在的班级原先有50人，小红考100分才给班级平均分贡献了2分，现在小红班级只剩10人了，小红考100分能给班级平均分贡献10分。班级人数少的时候，班级平均分更容易因个别人的超常发挥而提高，和主力高度控盘后均笔成交量时常放大是同一个道理。

同时，主力高度控盘后成交量相比控盘之前肯定是缩小的，这与班级人数减少之后的班级总分比人数减少之前的班级总分要低是一个道理。

（3）运用均笔成交量对寻找主力建仓和高度控盘的黑马股十分有效，而要判断拉升后的股票是否出货，则应借助其他指标。由于主力出货手法众多，可能一个简单的对倒就会导致均笔成交量突然放大，因此只依靠单一指标辨别出货形态是远远不够的。

（4）运用均笔成交量判断主力资金实力时，对于不同价位的股票要区别对待，因为10元的股票均笔成交量为2000，与20元的股票均笔成交量为1000反映了相同的资金实力。

2.3 量比和量比曲线

量比指的是开市后平均每分钟的成交量与前5个交易日平均每分钟成交量的比值，它是用来衡量相对成交量的指标，其计算公式为：量比=[现成交总手/现累计开盘时间（分）]/前5个交易日平均每分钟成交量。

最新	35.18 开盘	35.00
涨跌	+0.25 最高	35.95
涨幅	+0.72% 最低	34.51
振幅	4.12% 量比	0.43
总手	94.67万 换手	3.20%
金额	33.47亿 换手(实)	8.36%
市盈	16.01 市盈(动)	16.01
涨停	38.42 跌停	31.44
外盘	42.71万 内盘	51.97万

图2-6 量比示意图

量比是一个比值，如图2-6所示，因此我们要拿它和1作比较。当一只股票的量比大于1并且不断增加，意味着当日的平均每分钟成交量大于前5个交易日的平均每分钟交易量，也就是说，当时的交易比前5个交易日的平均水平要活跃，个股人气在不断加大；如果量比小于1并且不断减少，就意味着当日的平均每分钟成交量小于前5个交易日的平均每分钟成交量，也就是交易没有前5个交易日的平均水平活跃，个股人气在不断减小。

我们可以发现，量比和换手率一样是一个比值，特别适合用于不同个股之间的横向比较。

> **Tips：** 还是那个比方，成交量是爱你给了你多少，量比和换手率是爱你的人给了你他有的多少，要横向比较几个人谁爱你的程度更深，肯定要看后者而不是前者。

观察一只股票的量比时间变化可以依据量比曲线，尤其适用于配合分时图盯盘，如图2-7所示。量比曲线的上扬和下挫能够迅速反映盘中量能发生的变化，股民在盯盘时可重点关注量比曲线的拐点，通过量比曲线，股民可以更清晰、实时地了解个股量能的变化情况，进而获得动态、可靠的操盘数据。

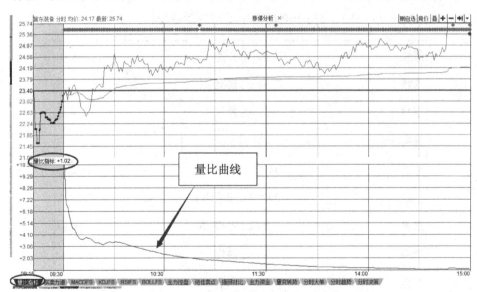

图2-7　量比曲线示意图

2.4　委买、委卖和委比

委买是指以比市价低或等于市价的价格委托买进，但是实际没有成交的买单；委卖是指以比市价高或者等于市价的价格委托卖出，但是实际没有成交的卖单。

如图2-8所示，我们盯盘的时候经常看的五挡之中，卖1、卖2、卖3、卖4、卖5显示的都是没有成交的委托，同时委托的价格全都是高于或等于市价。因为以低于市价的价格委托卖出肯定会成交，所以它们都是委卖；同理，买1、买2、买3、买4、买5全都是委买。当然，这只是我们通过五挡能看到的，其他我们看不到的，比如卖6、卖7、卖8等也是委卖，买6、买7、买8等也是委买。

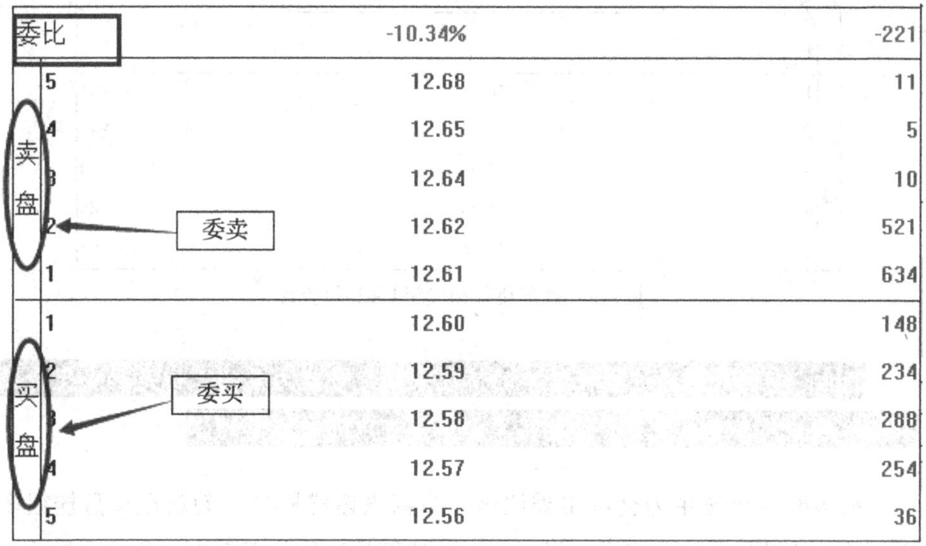

委比		-10.34%	-221
卖盘	5	12.68	11
	4	12.65	5
	3	12.64	10
	2	委卖 ← 12.62	521
	1	12.61	634
买盘	1	12.60	148
	2	12.59	234
	3	委买 ← 12.58	288
	4	12.57	254
	5	12.56	36

图2-8　委买、委卖、委比示意图

与委买和委卖相关的一个数据是委比，委比是反映买盘和卖盘委托挂单对比情况的一个指标，其计算公式为：委比=（委买手数-委卖手数）/（委买手数+委卖手数）×100%。

依据计算公式可以看出，当委买手数大于委卖手数时，委比为正值，若这个值较大则说明买盘资金相对较强，即多方的力量强于空方；反之，当委买手数小于委卖手数时，委比为负值，若这个数值较大则说明卖盘资金相对较强，即空方力量强于多方。

我们来看两个极端情况，封涨停板和封跌停板。封涨停板的时候，委卖手数为0，委买手数巨大，套用公式得委比=100%，如图2-9所示。反之，封跌停板的时候，委买手数为0，委卖手数巨大，套用公式得委比=-100%。

由此可以知道，委比=-100%对应的是空头完胜多头的情况；委比=100%对应的是多头完胜空头的情况。所以，在-100%～100%这个区间范围内，委比越接近-100%，此时空头力量越强；委比越接近100%，多头力量越强。

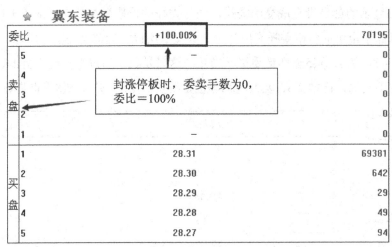

图2-9　冀东装备2017年4月25日委比

Tips：委比只是通过委托挂单的情况来判定多空力量的，但是和成交情况不同的是，只要还未成交，这些买单卖单是可以随时撤单的。

很多时候市场主力会利用委比这个数据来迷惑散户，刻意在买盘挂很多委托单，让散户误以为多方力量很强大，然而等到第二天开盘，那些委托单都不翼而飞了。经常有这样的情况，在委买盘买3或买4的位置有大买单，委比为正且数值不小，但股价就是不见起色，这是主力在挂假大单诱多；反过来，也有委卖盘有大卖单，委比为负且数值不小的情况，这是主力在骗散户交出筹码。

甚至还有主力利用了普通交易软件只能看到买1到买5和卖1到卖5的缺陷，控制好价位让自己的大单大概在买7、买8或卖7、卖8的位置，不让散户通过交易软件发现自己的大单，从而悄无声息地操纵委比数据，让散户落入自己的圈套。因此我们利用委比这个指标的时候一定要结合盘中走势和成交情况来谨慎判断。

2.5　内盘、外盘

委买和委卖是通过委托单来判断多空力量，而内盘和外盘反映的则是买卖双方真实的交易情况。我们知道，在股票连续竞价的过程中，有无数买单和无数卖单，最终券商将合适的买单和卖单撮合在一起，从而成交。

既然是撮合交易，那么有三点值得引起我们的注意：一笔交易，它究竟是以买方报价成交的还是以卖方报价成交的？以买方报价成交的交易多于以卖方报价成交的交易说明了什么？以买方报价成交的交易少于以卖方报价成交的交易又说明了什么？这是我们研究内外盘的意义所在。

> **Tips：一笔交易如果是以委托卖出的价位成交的，被计入内盘；如果是以委托买进的价位成交的，被计入外盘。**

当日计入内盘的手数和计入外盘的手数求和得到的是成交量，即总手，总手的"总"指的是内外之和，如图2-10所示。内和外其实指的是场内和场外，只有持股了才能卖出，也就是说已经在场内，所以以卖方报价成交的手数计入内盘；想要由场外进入场内就得买入，所以以买方报价成交的手数计入外盘。

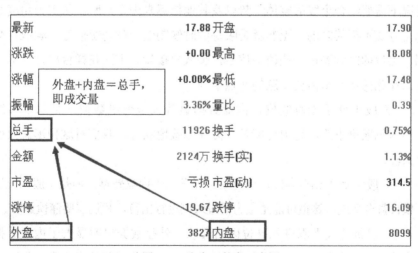

最新		17.88 开盘	17.90
涨跌		+0.00 最高	18.08
涨幅	外盘+内盘＝总手，	+0.00% 最低	17.48
振幅	即成交量	3.36% 量比	0.39
总手		11926 换手	0.75%
金额		2124万 换手(实)	1.13%
市盈		亏损 市盈(动)	314.5
涨停		19.67 跌停	16.09
外盘		3827 内盘	8099

图2-10　内盘、外盘示意图

一家杂货店，它有一个门，门里面就是"内"，门外面就是"外"。顾客走进店里要买东西，成交的价格是店家（即卖方）给出的价格，成交的话计入内盘。

Tips：如果这家店顾客很多的话，内盘的数据肯定很大，因此内盘数据大说明买方积极性高！

但是我们设想这样一个场景，顾客走进"内"可是觉得卖家标价太贵，于是退回了"外"，店家（即卖方）一看，到手的生意不能丢了呀，立马追了出去说："兄台留步！这次就算我吃亏，您出个价吧。"于是顾客出了个价，这笔生意是在门外以买方的价格成交的，计入外盘。

Tips：如果这种卖方去"外"推销的情况多的话，外盘数据肯定大，因此外盘数据大其实意味着卖方积极性高！

通过这个杂货店的比方我们可以很明确地认识到，一般来说，内盘越大，则说明持币者的主动买股意愿越强，个股短期走势看涨；反之，外盘越大，则说明持股者主动卖股意愿越强，个股短期走势看跌。

既然是"一般来说"，那肯定就有不一般的情况，由于主力资金的对倒等行为，这使得内盘、外盘数据不能反映多空双方真实的买卖意愿，因此在一些情况下需要结合个股的整体走势以及其他指标来进行判断。从主力角度来分析都是万变不离其宗的，无非就是吸筹的时候制造一些诱空信号，骗散户交出筹码，出货的时候制造一些诱多信号，骗散户接盘。手法花样百出，目标明确唯一。在此简单列举需要注意的几点事项。

（1）股价处于相对低位，内盘数据显著大于外盘数据，且总手持续增大，但未见股价下跌，这很可能是主力在隐蔽地吸筹，我们对这种形态要引起高度关注。

（2）股价处于相对高位，外盘数据显著大于内盘数据，但是个股却上涨乏力，横盘甚至下跌，这很可能是主力通过对倒进行出货，我们需要谨慎提防。

（3）股价持续上涨进入高位区后滞涨，外盘数据仍明显大于内盘数据，除了主力对倒出货还有一种可能，可能是遭遇了之前累积的套牢盘，需要慢慢消化，消化完毕后股价才能继续上涨。

（4）2、3两种情况其实很难区分，很多时候主力在拉升的过程中遭遇套牢盘想再次吸筹以便继续拉升，但由于抛压盘过多、系统性风险等原因反手直接出货的可能性也是非常多的。因此主力遭遇套牢盘的时候不会贸然拉升，往往会偃旗息鼓一段时间，观察多空力量。

在主力观察的时候成交量必定会逐渐缩小，如我一直强调的"成交量大代表多空分歧大，成交量小代表观点一致"，如果伴随着成交量缩小股价下跌，那么主力很有可能不会继续拉升而是反手出货，如果缩量的时候股价保持平稳甚至稳中有升，那么主力大多会继续拉升。因此股价在高位区滞涨的时候大多伴随着成交量缩小，而缩量的时候股价是否下跌也成了判断后市的关键。

Tips：当然也会有成交量丝毫没有缩小的情况，可能是主力拉到这个位置直接开始出货，又或者是主力信心满满，志在必得，有多少抛压都照单全收。

（5）在个股持续下跌过程中，往往会出现外盘大而内盘小的情况。此种情况并不表明股价一定会反弹，主力往往会用几笔抛单将股价打至较低位置，然后在卖1、卖2挂卖单，并且吃掉自己的卖单，使股价小幅上升，并造成外盘显著大于内盘的假象，吸引股民跟风买入。在连续上涨的时候就不会出现这种反向造假的情况，因为下跌是主力所不乐见的，几乎不会有主力会去打断涨势。

2.6 大单净额

在股票交易系统中，买卖数量是以手为单位的，大单的标准是500手以上的数量。委买挂单和委卖挂单中大单的数量差是大单净差，大单净差所产生的资金额度称为大单净额。在同花顺PC版的个股分时图的右边有一个名为"资金分析"的表格，其中的"净大单"指的是大单净额。正数，红色数字表示净流入；负数，绿色数字表示净流出，如图2-11所示。

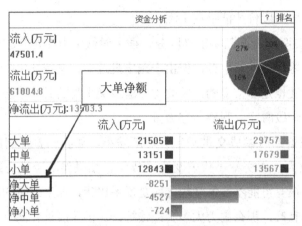

图2-11 大单净额示意图

我们先来看看大单净额的数值变化与主力动向之间有何联系：

（1）按照理论来说，大单净额持续多日为正，且数值较大，表示主力资金买入积极，股价有持续上涨动力。

（2）按照理论来说，大单净额持续多日为负，且数值较大，表示主力资金离场坚决，股价很可能会进一步下跌。

（3）股价经过上涨进入高位区后，主力获利丰厚打算出货；但如果出货迹象过于明显，对股价杀伤力较大，会导致买盘不足；所以主力需要想方设法地在出货的时候吸引买盘。

Tips：现实中主力是如何操作的呢？就是尽量让股价在一个区间内反复震荡或缓慢下跌，同时主力会采取电脑拆单交易即大单拆成无数个小单的方法迷惑投资者，让大单净额的数据表现为正值，得以吸引跟风盘，最终达到派发筹码的目的。

（4）在主力吸筹的过程中为了避免散户发现大单净流入较多而察觉自己的踪迹，也会采取电脑拆单交易即大单拆成无数个小单的方法来迷惑散户，让大单净额的数值很小甚至表现为负值，以此来防止眼明手快的投资者与自己抢筹码，最终达到收集筹码的目的。

大单净额除了可以观察个股的大资金运作情况外，还可以用来追踪板块轮动，某板块大单净额意味着该板块备受游资和机构的关注，这可以作为一个我们选择短线炒作板块的依据。接下来说说如何查看板块的大单净额的排名，直接在同花顺PC端输入"94"，选择"板块热点"，就会出现如图2-12所示画面。

	板块名称	.	涨幅%↓	涨速%	主力净量	主力金额	量比	涨家数	跌家数	领涨股	5日涨▼
1	采掘服务		+3.12%	+0.07	3.24	+5.00亿	1.07	13	2	安控科技	+5.04%
2	河北		+2.32%	+0.05	0.00	-10.62亿	1.36	41	9	庞大集团	+11.60%
3	天津自贸区	⊛	+2.07%	+0.10	0.11	+1337万	1.41	9	3	津劝业	+4.86%
4	海工装备		+2.02%	+0.03	0.09	+1.32亿	1.25	14	3	宝德股份	+4.79%
5	京津冀一体化	⊛	+1.76%	+0.07	0.18	-10.87亿	1.34	34	15	庞大集团	+11.19%
6	雄安新区	⊛	+1.62%	+0.06	-0.78	-42.65亿	1.29	66	34	庞大集团	+11.82%
7	水利	⊛	+1.56%	+0.10	-0.69	-6.95亿	1.07	15	1	大禹节水	+3.94%
8	传媒		+1.51%	+0.04	0.54	+4.44亿	1.61	60	15	平治信息	+1.90%
9	电子竞技	⊛	+1.36%	+0.08	1.06	+3.53亿	1.51	16	3	恺英网络	+2.08%
10	油品改革	⊛	+1.31%	+0.01	-0.02	+4517万	1.06	16	8	安控科技	+3.48%

图2-12　板块热点示意图

然后单击左上角的"资金流向"，会转换到资金流向的页面，然后单击页面右侧的"实时大单统计"下的"净额"，如图2-13所示会出现各个板块依据大单净额的排名，这是我们追踪市场热点的一个有效依据。

	代码	名称	涨幅%	现价	净流入	流入	流出	净额↓	净额占比%
1	885580	足球概念		1557.56	1.56亿	11.60亿	9.44亿	2.17亿	+4.28
2	885395	宽带中国		3365.27	1.36亿	9.06亿	8.03亿	2.03亿	+5.29
3	885616	迪士尼		1459.00	10.90亿	8.88亿	2.02亿	+3.66
4	881156	保险及其他	-0.67%	2741.52	2.63亿	15.16亿	13.44亿	1.72亿	+3.17
5	885496	油品改革	+1.68%	1469.10	2.61亿	11.17亿	9.58亿	1.59亿	+2.83
6	885556	4G	+0.25%	2386.96	1.10亿	12.80亿	11.55亿	1.24亿	+1.84
7	885521	粤港澳概念	-0.53%	1879.09	1.40亿	19.99亿	9.12亿	8609.99万	+0.81
8	885312	物联网	-0.47%	1676.88	1450.41万	22.64亿	21.82亿	8218.05万	+0.75
9	885651	两桶油改革	+2.40%	683.96	9393.95万	5.77亿	5.09亿	6752.27万	+2.53
10	882009	广西	-1.03%	2676.43	1953.65万	5.41亿	5.31亿	6631.06万	+2.06
11	881162	通信服务	-1.03%	3172.79	6861.36万	6.18亿	5.52亿	6580.06万	+2.05
12	885333	移动支付	-0.42%	1482.71	4291.30万	9.53亿	8.87亿	6566.89万	+1.26
13	885733	航运	-0.03%	1111.06	4013.56万	4.31亿	3.76亿	5493.02万	+2.37
14	885462	乳业	-0.54%	1885.21	1291.52万	2.61亿	2.07亿	5447.49万	+4.06
15	885586	职业教育	-0.60%	1570.79	2.46亿	17.26亿	16.74亿	5244.37万	+0.64

图2-13　板块按大单净额排名示意图

第3章

成交量的六种基本形态

量价分析是结合股价走势和成交量形态一起来分析，我们先来看看成交量有哪些形态。成交量有放量、缩量、均量、堆量、天量、地量六种形态，其中，放量指成交量较前一段时间相比有所放大，缩量指成交量较前一段时间相比有所缩小，均量指连续一段时间内成交量都处在一个相近水平，堆量指成交量在一步步往上堆积，天量指成交量非常巨大，地量指成交量极度萎缩。

3.1　放量

放量是指成交量较前一段时间相比有所放大，如图3-1所示。需要注意的是，放量是一种相对说法，通常来说，量比数值为2.5～5倍就是比较明显的放量。

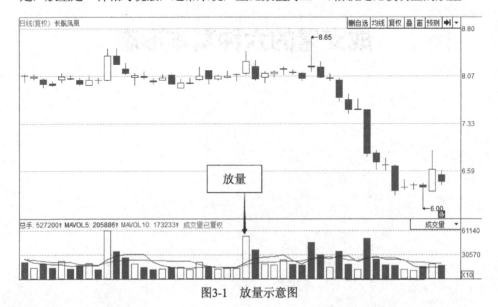

图3-1　放量示意图

Tips：一般来说，放量经常出现在市场趋势的转折点上，此时多空双方对后市股价的发展趋势产生的分歧越来越大，多空交锋力度增大。

成交是双方的事，因此只有买股票和卖股票的人都很多，供需两旺的时候成交量才会增加。但是需要引起我们注意的是，主力经常出于某些利己目的进行对倒，从而造成放量的假象。为了避免掉进主力布置的陷阱，股民朋友们要注意甄别，结合放量位置和K线形态进行区分，在此简述三个注意点。

（1）个股持续上涨进入高位区后突然放量，但是股价滞涨，这有可能是主力通过对倒手段，制造成交活跃的假象，吸引散户接盘，需引起重视。

（2）如果在股价下跌过程中出现放量，从多空博弈角度来说，对股价是否继续下跌多空双方分歧变大，博弈之后股价可能继续下跌也可能止跌，但是很难掉头向上，除非伴随着重大利好；从主力动向角度来说，下跌也是主力所不乐见的，这种放量也有可能是主力对倒制造多空双方交投活跃的假象，给散户传达一个"即将反弹"的虚假信号。

（3）最需要引起我们关注的放量是横盘过程中的放量，因为这往往是主力吸筹或者出货的信号，也是大涨和大跌的预报。

3.2　缩量

与放量相反，缩量是指成交量较前一段时间有所缩小，如图3-2所示。一般来说，量比的数值在0.5倍以下就可以被视为缩量。

对缩量的分析比对放量的分析要来得简单，这是因为主力可以随意通过对倒制造放量的假象，但是主力无法主动使成交量缩小，尤其是无法刻意制造持续缩量的形态。

打个比方，评价一款APP是否成功的标志是看它的下载量，制作者可以通过雇用水军来刷下载量，使某段时期下载量突然增大，让APP冲入日下载排名前几名的榜单，造成大受欢迎的假象来吸引更多人下载。

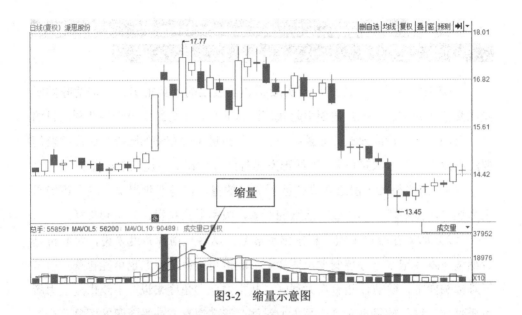

图3-2　缩量示意图

缩量意味着多空双方交锋力度逐渐减弱，这种减弱有两种情况。

（1）在大涨大跌的走势中期，缩量往往是因为多空双方意见达成一致，皆认为走势将继续，所以大涨的时候持股者不愿卖股换币，大跌的时候持币者不愿用币买股，这是因为单方力量减弱而导致的缩量，是趋势确立的信号。

（2）第二种缩量是由于多空双方的积极性减弱或对后市看法不明确而陷入了僵持状态。仅以上涨的情况来说明，在上涨初期，巨大的买盘推动股价上涨，但是随着股价上涨，部分散户决定价位变高放弃买入，于是买方的力量就减弱了，这时候如果卖方的力量没变强的话股价就会开始横盘，成交量开始缩小。

需要注意的是，这种情况成交量要缩小必须是空方卖股票的积极性也不强，如果卖股票的人很多的话，那么股价就会被打压得掉头向下，因为股价降低达到了部分人的心理预期，所以买股票的人又会增多，这种情况不仅不会缩量，甚至还可能放量。

第一种情况是走势推动方的力量非常强，强到它的力量增减可以忽略不计，因此被推动方的力量变化带动着成交量变化，成交量缩小是因为被推动方力量减弱。

第二种情况是走势推动方的力量并不是很强，在被推动方力量没加强的情况下（如果没有消息刺激或者主力作祟，一般不会加强），缩量是因为推动方力量减弱。

第一种情况是行情确立的信号，第二种情况是行情结束的信号，两种情况区分起来很容易，股价大涨大跌的就是第一种，股价滞涨滞跌的就是第二种。

3.3　均量

均量指的是连续一段时间的成交量都处在一个相近水平，如图3-3所示。

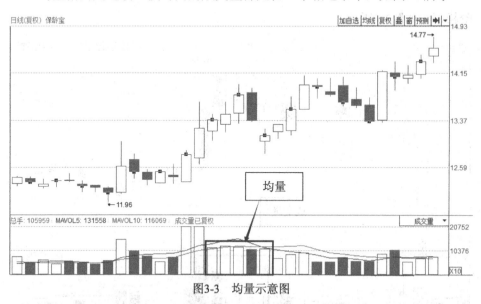

图3-3　均量示意图

Tips：均量的直观表现是连续几日的成交量柱高度接近，但是这会受视觉影响。

打个比方，地上画了三条线，长度分别是3米、2米、4米，这三条线看起来肯定是参差不齐的，但是如果在边上再画上一条10米的线，这三条线看起来就像齐平了。因此均量往往是出现在成交量低迷的时候，对比前期较长的成交量柱，低迷时候的量柱看起来就像齐平一样。

由此可以得出，均量往往出现在市场极度低迷、交易冷清的情况下；除此之外，主力高度控盘之后也往往会出现均量。主力高度控盘时，大部分筹码被主力吸收，所以散户手中能交易的筹码就很少，而主力吸收筹码后选择偃旗息鼓不再交易，散户之间少量筹码的交易带来成交量的变化是微小的，因此这时候成交量也会出现均量形态。

3.4　堆量

堆量，就是成交量在一步步地往上堆积，即持续放量，成交量柱表现为阶梯形，如图3-4所示。

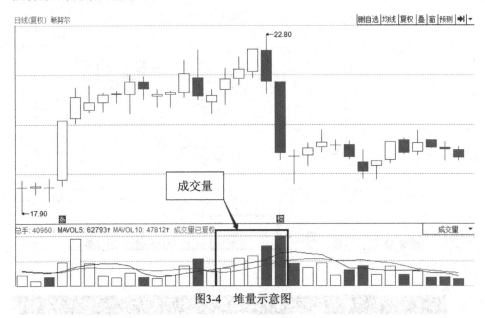

图3-4　堆量示意图

堆量形态往往出现在两个阶段——上涨初期和上涨末期。

（1）上涨初期，多方主动进攻，空方被动防守，成交量由多方主导。在某一价位，买方的力量强于卖方从而推高股价，股价上涨过程中达到部分股民的抛售价位他们就会卖股票，因此成交量会增加；随着股价上涨会有更多的散户跟风挂买单，这样多方的力量就更强了，股价上涨的幅度会更大，成交也会更多，因此成交量呈现出堆量形态。

（2）上涨末期，多方力量不济，空方开始反扑，成交量由空方主导。上涨中期成交量缩小是因为上涨趋势得到多空双方一致认可，因此空方不卖股票了。注意：中期成交量小是因为空方不卖股票。但是到了后期，股价逐渐涨至股民们的止盈点，越来越多的股民开始卖出股票，成交量也呈现出堆量形态。

虽然两个阶段市场都出现堆量的形态，但由于主导方不同，堆量之后的走势也将截然不同。

3.5　天量

天量，即成交量非常巨大，因此天量也称为巨量，一般来说，量比达到5倍以上时当日的成交量被称为天量，如图3-5所示。

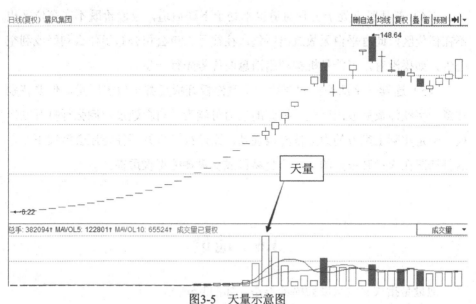

图3-5　天量示意图

天量的出现说明成交量激增，那么成交量为什么会激增？无非就两种情况：大资金流入或流出和主力的对倒行为。

Tips：大资金不会平白无故地流入流出，一定是伴随着利好利空。如果没有市场就没有利好利空，那么可能是某些机构在消息面上占有优势，提前行动了，主力也不会平白无故地去对倒，毕竟要付出一笔不小的手续费，对倒一定是为了诱多或诱空。

放出天量的情况虽然看起来复杂，但是一切都是有迹可循的。

（1）股价连续上涨进入高位区后放出天量，多半是主力对倒制造成交活跃的假象，吸引跟风买盘，好为出货做铺垫。

（2）股价处于下跌通道，并且明显没有跌到底部，突然放出天量，多半是主力对倒制造有大资金流入的假象，诱惑散户接盘，天量之后股价大概率继续下跌。

（3）若股价连续下跌进入低位区后，成交量极度萎缩，大部分散户都失去了投资热情，这时候如果突然放出天量，是有大资金抄底的信号，后市可期。

（4）若某股不处于上升通道也不处于下跌通道，且股价既不在高位区也不在低位区，此时平白无故放出巨量，往往是上市公司公布了什么利好或利空公告，如果没有，可能是机构利用消息面优势先行一步。

（5）连续一字涨停板和连续一字跌停板开板后都会放出巨量，但要特别注意一字跌停板后放出巨量。被套的主力可能为了自救通过对倒强行打开跌停板，但是实际上空方的力量依然很强劲，跌停板被打开后往往还会继续下跌。这种情况在天量开板后的下一个交易日成交量萎缩得很厉害。

3.6 地量

地量是指成交量极度萎缩的形态，如图3-6所示。

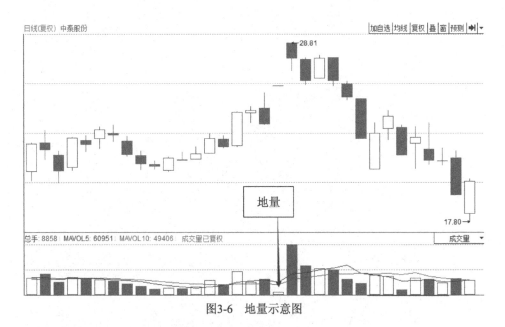

图3-6 地量示意图

地量的出现往往伴随着两种情况。

（1）交易冷清，投资气氛萎靡。这种情况下，股民的投资情绪低迷，多方不愿意买股票，空方不愿意卖股票，买卖都很少，因此成交量放出了地量。

Tips：这种情况往往出现在下跌到达底部区域之后，下跌过程中空头的力量被消耗殆尽，而多头因为市场前景不明朗而不敢贸然进场。

（2）多空双方意见高度一致。在强势的上涨过程中，卖方认为股价会继续上涨而拒绝卖出，没有卖出就无法成交，因此成交量极度低迷。同理，强势的下跌过程中，买方认为股价会继续下跌而拒绝买入，因此成交量会放出地量。这种情况下的地量伴随的是一种非常强势的上涨和下跌走势。

第4章

葛氏量价关系八则

很多投资者都听过一句话，"成交量是股票的元气，股价是成交量的反映，成交量的变化是股价变化的前兆。"这句话出自美国著名投资专家葛兰威尔。葛兰威尔还总结过八种最为常见、实用的量价配合关系，在本章中将会一一介绍。但是有一点不得不提，由于时间跨度过大和中美市场差异，葛氏量价关系八则中有些内容是不适合当今A股市场的，这些内容也会一一指出。很多技术投资者都把葛兰威尔当作启蒙导师，但是我以亚里士多德的一句话和诸位共勉："吾爱吾师，吾更爱真理。"

4.1 量价齐升

量价齐升是指随着股价不断上涨，成交量也在不断放大，两者走势表现为协同上涨。葛老的观点是在股价不断上行且创出新高的过程中，成交量的不断放大体现了买盘资金充足，上涨动力强劲，是升势可靠的信号。因此只要股价累计涨幅不大，股价走势未表现滞涨，此时量价齐升的形态可以看作后市股价会继续上涨的标志。

注意，这里特别强调了"股价累计涨幅不大，股价走势未表现出滞涨"。根据1.2节中所讲的内容，在股价上涨过程中，因为股价触及了部分股民的目标抛售价位，所以卖盘会增多。这里卖盘是被动增多的，增多少由股价涨幅决定，股价涨幅又是由卖盘力量决定的，所以此时的量价齐升是个好现象。然而卖盘不仅仅会被动增加，还会因为看空趋势的股民增多而主动增加。

Tips：当股价进入高位区后滞涨且放量往往是因为多空交锋激烈，这时候就不是股价上涨导致卖盘被动增多，而是看空的人越来越多，这不仅不是买入信号，反而是趋势即将结束的信号。

　　来看看北方稀土（600111）的例子，如图4-1所示的北方稀土2015年3月至2015年6月期间日K线图。在图4-1中我们可以找到两次量价齐升的情况，在低位区的量价齐升是由于买盘增加推动股价上涨，触及部分股民目标抛售价位导致卖盘被动增加而且成交量放大；而高位区的量价齐升则是因为多空分歧加大，因为看空而主动卖股票的投资者越来越多，这说明趋势已经难以为继了，北方稀土在高位区放量之后涨势便停止了。

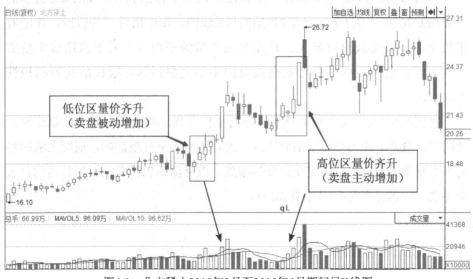

图4-1　北方稀土2015年3月至2015年6月期间日K线图

4.2　量价背离

　　量价背离形态指的是当指数在高位区再度出现一波上涨而创出新高的上涨波段中，成交量却相对之前的波段缩小，即价创新高、量却相对缩小的形态。

一般来说，当指数出现量价背离的形态即是市场人气不足，牛市将去、熊市将至的标志。这时你可能会有疑惑："你在4.1节中不是说高位区量价齐升是涨势即将结束的标志吗？现在又说高位区量价背离意味着牛市将去，你这不是打自己脸吗？"其实不是的，4.1节的量价齐升是针对个股走势，反映的是个股中的多空博弈；而此处的量价背离针对的是指数走势，反映的是整个市场的交投氛围。

Tips：投资情绪就是这里所说的当指数出现量价背离的形态，说明股民们对股市的关注度和投资热情都远不如前，这样牛市还能持续吗？

来看看上证指数（000001）在2015年这轮牛市的表现，如图4-2所示的上证指数2014年10月至2015年7月期间日K线图。图中所标记的时段，伴随着指数上涨，成交量没有放大，且此时成交量的平均水平低于前期成交量的平均水平，这正说明了股市的交投氛围不如之前活跃，股民的投资积极性正在减弱。

在图4-2中我们还应注意到在标记的量价背离形态之后有一个放量滞涨，此时的放量并不因为交投氛围变活跃，而是因为多空分歧加剧，质疑上涨趋势的股民越来越多，导致多空交锋变得激烈，放量滞涨也是葛兰威尔总结的八大形态之一，该形态在4.5节中具体解读。

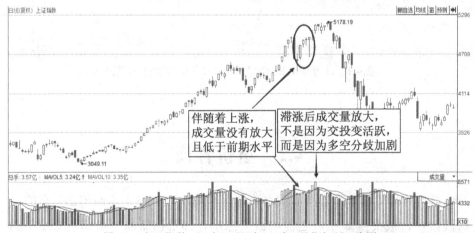

图4-2　上证指数2014年10月至2015年7月期间日K线图

4.3 价升量减

价升量减指的是股票在一波上涨走势中，虽然价格不断攀升，但是成交量却不断缩小。葛兰威尔认为这种价升量减形态意味着买盘资金入场力度越来越弱，当量能明显缩小时股价往往会因盈利盘的离场而短期深幅回调，因此个股出现价升量减形态后可看空后市。

我认为他说得不对。因为成交就是买卖，买卖是双方的事，并不是说买盘力量增大成交量就会增大，也不是说成交量减少就意味着买盘力量不足。成交量减少有三种情况，一种是买盘力量减弱，一种是卖盘力量减弱，还有一种是买卖盘的力量都减弱。

只要买盘力量减弱，上涨趋势就很有可能停止，这是葛兰威尔判断的依据。但是忽略了还有一种卖盘力量减弱的可能：当大部分股民都认为股价会继续上涨，那么就没什么人去卖股票，这样卖股票的人少了，这时候买盘力量依然很大，但成交量依然会减少，因为没什么人愿意卖给他们。这时候的价升量减不仅不是趋势减弱的标志，反而恰恰是一种极其强势的上涨信号！

Tips：关于什么时候价升量减该看多，什么时候的价升量减该看空，可以去看看本书的1.2.5节和1.2.6节，在这两节里已经说得非常清楚了。

这里我们来看一看煌上煌（002695）的例子，如图4-3所示的煌上煌2016年7月至2016年11月期间日K线图。我们可以发现煌上煌两次不同的价升量减带来的是不同的结果，第一次的价升量减之后涨势难以为继，这就符合葛兰威尔的说法，但是第二次的价升量减伴随的确是一次极其强劲的上涨，这是因为大家都认为股价会继续上涨，持股的捂股惜售，卖股票的人少了所以会缩量。

同时第二次的价升量减还夹杂了几个涨停板，当个股封住涨停板之后成交量几乎为0，这里成交量接近于0难道是因为买盘力量没有了吗？显然不是，而是因为大家都不愿意卖股票。我想葛兰威尔在研究价升量减形态时忽略了成交量是由买卖双方共同决定的这条规则。

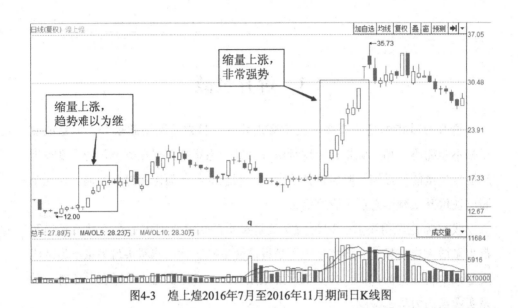

图4-3 煌上煌2016年7月至2016年11月期间日K线图

4.4 高位量价井喷

高位量价井喷形态指的是个股在持续上涨进入高位区后，此时个股开始加速上涨，上涨迅速且角度极为陡峭，在快速上涨时伴有成交量的巨幅放出。这种量价配合关系往往出现在一波上涨趋势的末期。

高位量价井喷和普通的上涨途中放量不一样，普通的放量是由于多空博弈导致的，因此成交量是缓慢增加的；而高位量价井喷对应的成交量是突然激增的，这是因为高位量价井喷的形态是主力对倒拉升所致，价格急速上涨并伴以量能的巨幅放出，这种量价形态可以有效地引起市场关注，吸引大量跟风盘介入，为主力之后的出货行为创造了条件。

> Tips：主力通过对倒制造量价井喷的形态是在为出货做准备，因此高位量价井喷的形态往往是个股的最后一波上涨。

来看看云意电气（300304）的例子，如图4-4所示的云意电气2016年12月至2017年4月期间日K线图。我们可以发现云意电气在高位量价井喷形态出现之前股价已经有了涨幅，此时成交量突然激增只有可能是主力通过对倒拉升来聚集市场人气，吸引跟风盘。而随着大量跟风盘的介入，主力开始出货了，伴随着主力出货，云意电气的股价进入了慢慢下跌的过程。

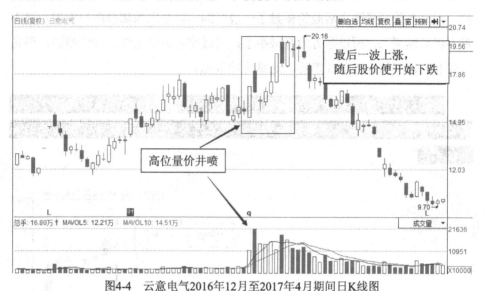

图4-4　云意电气2016年12月至2017年4月期间日K线图

4.5　放量滞涨

要注意区分4.5节和4.4节的两种情况，两者都是上涨途中放量，并且一般都出现在高位区，但是4.4节中伴随着放量的股价快速上涨，4.5节中伴随着放量的却是滞涨。

首先个股由上涨转入滞涨，前期上涨时成交量不大说明前期多方力量强于空方力量，且多空双方分歧不大。而滞涨说明什么？滞涨说明多空双方力量比较接近。放量说明什么？放量说明多空双方交锋激烈，多空双方分歧大。股价由上涨转入放量滞涨说明了空方力量的增强，这往往是趋势结束的信号，接下来多空将进行激烈的交锋，然后重新产生新趋势，由于此次放量是空方力量增加导致的，因此空方力量继续增加导致趋势变为下跌的可能性更大一些。

来看看中国铁建（601186）的例子，如图4-5所示的中国铁建2017年4月至2017年8月期间日K线图。图4-5中所标记的交易日发生了放量滞涨，在放量滞涨之后，上涨趋势便悄然结束。此时的放量滞涨便是由于空方力量的增强导致的，但是在放量滞涨之后股价横盘了一段时间，这是因为部分散户发现形势不对不再继续买入，所以多方力量减少了，同时空方力量也没有继续增强，但是很快股价就开始走入下跌趋势，这是为什么呢？

Tips：这是因为之前的盈利盘开始抛售了，集中的抛售导致股价下跌。高位放量滞涨意味着上涨趋势结束后出现了新趋势，也可能是下跌趋势的一个征兆。

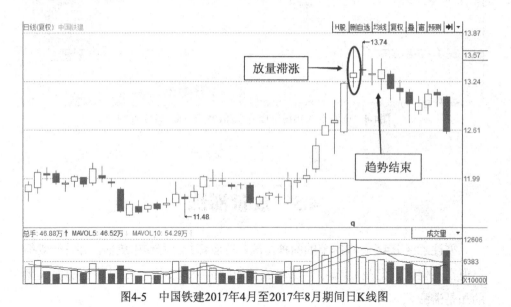

图4-5　中国铁建2017年4月至2017年8月期间日K线图

4.6　二次探底缩量

二次探底指的是股价在处于低位区的时候出现了一波反弹走势，但是这一波反弹走势力度不强，持续性较差，随后个股再度回探至前期低点附近，从而形成了二次探底形态。

二次探底缩量是指个股在第二次回探这一低点时的量能要小于其第一次下跌至此价位时的量能。葛兰威尔将此时的缩量解释为市场做空力量枯竭的信号，这种空方力量枯竭的情况往往预示着个股随后一波反弹上涨走势的出现。

那么为什么说二次探底时的缩量意味着空方力量的枯竭呢？

这是因为成交量是由买卖双方共同决定的，如果空方力量没有枯竭的话，那么只有可能是多方力量枯竭了，而如果多方力量枯竭，空方力量没有枯竭，股价必然暴跌，那时候就不是"探底"而是"穿底"了。所以二次探底缩量时空方力量必然枯竭，正是因为空方力量枯竭后市反弹上涨的概率才较大。

来看看天润曲轴（002283）的例子，如图4-6所示的天润曲轴2015年12月至2016年10月期间日K线图。该股在经历了上升途中盘整走势后的一波快速上涨后，出现了深幅回调走势。如图中标注所示，在回调走势中出现了二次探底缩量的形态，二次探底的缩量说明市场做空动能枯竭，是个股随后将要反弹上涨的信号，也是短线买股的时机。果不其然，二次探底缩量之后天润曲轴随即出现了一波较为有力的反弹上涨走势。

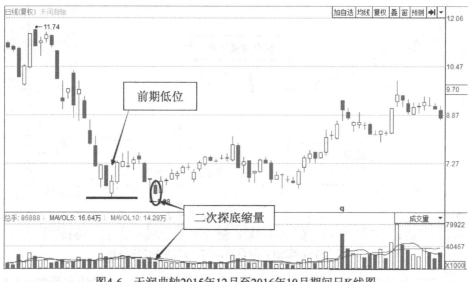

图4-6　天润曲轴2015年12月至2016年10月期间日K线图

4.7 低点放量下跌

低点放量下跌是指个股在股价处于相对低点时发生了下跌，并且此次下跌伴随着成交量放出。放量下跌有两种情况，一种是个股原本就处于下跌通道中，另一种是个股由横盘转入放量下跌。

第一种情况，个股在下跌途中相对低位时放量，这种情况类似于个股高位放量上涨，此时的放量代表了多空分歧加强，是趋势即将结束的信号。

我们来梳理一下逻辑，首先个股是处于下跌通道中的，下跌说明空方力量强于多方力量，此时成交量的放大肯定不是空方力量增强导致的，因为就算卖股票的人变多了，只要买股票的人不变，成交量依然不会改变。所以此时成交量放大一定是源于多方力量的增强，下跌途中多方力量增强往往意味着下跌趋势即将结束。来看看ST成城（600247）的例子，如图4-7所示的ST成城2017年4月至2017年7月期间日K线图。

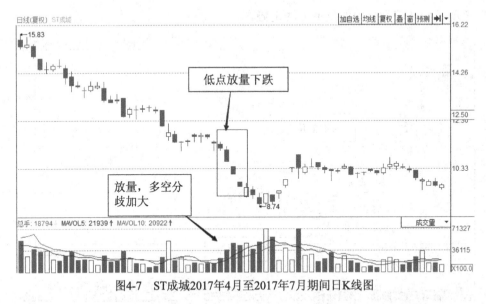

图4-7　ST成城2017年4月至2017年7月期间日K线图

第二种情况，个股在相对低位由横盘转入放量下跌，这种情况类似于4.4节高位量价井喷，此时的下跌往往是主力在进行打压式洗盘，这种下跌往往是股价上涨前的最后一跌。

那么为什么第一种情况不可能是主力打压式洗盘呢？因为主力打压股价是通过下跌让散户交出手中的筹码，而第一种情况个股本身就处于下跌通道中，与刻意打压毫无比较。

Tips：同时主力在拉升和洗盘前必定要进行吸筹，主力吸筹的时候往往在相对低位，同时会把股价控制在一定区间内，放量下跌前期的低位横盘正符合主力吸筹的特点。

来看看天赐材料（002709）的例子，如图4-8所示的天赐材料2015年12月至2016年5月期间日K线图。在下跌之前该股正在低位横盘震荡，且股价波动幅度小，K线形态具备"红肥绿瘦"的特点，这正是主力吸筹的迹象。而伴随着一个下跌成交量突然放大，然而这个下跌却不是众多散户所想的是趋势反转的信号，只是主力在洗盘，洗盘结束后该股便进入了长期的上涨通道。

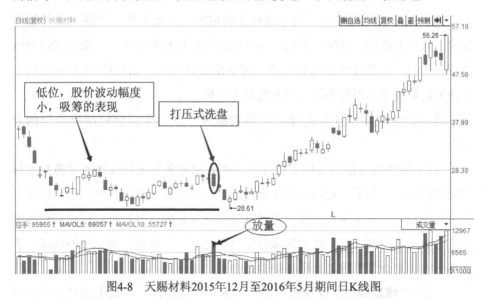

图4-8　天赐材料2015年12月至2016年5月期间日K线图

值得一提的是，很多人容易把这里的第二种情况和1.2.2节中所说的一方开始发动进攻的信号混淆，因为空方开始发动进攻的信号也是放量下跌。两种情况确实很难区分，但是我们并没有区分它们的必要。

因为只要个股在下跌途中先放量后缩量且缩量时跌幅不大的话，我们就可以考虑买进了。如果是主力洗盘的话，洗盘之后由于浮筹减少成交量必然减小；如果是多方发起进攻的话，前期缩量说明空方力量后继不足，跌势形成不了。

我们没必要也根本不可能看清每种变化，但我们只要保证能大概率获利就可以了。

4.8 高点放量破均线

高位放量破均线指的是当个股行至高位区后开始下跌，下跌时还伴随着放量，且在下跌途中跌破了均线。这里的均线特指长期均线，一般是30日均线和60日均线，上涨持续时间短的话也可以是20日均线，像5日均线和10日均线这种短期均线基本不作为这一形态的参考指标。

高点放量破均线往往意味着股价会继续下跌。造成这种结果的原因有两个。

（1）首先是对散户心理上的冲击，因为随着多年来均线技术对散户潜移默化的影响，众多散户把均线当作支撑位，也正因为这是支撑位，所以在这个位置多空双方会发生激烈交锋，放量就是由此导致的。当股价跌破长期均线表示空方获得了胜利，这个胜利好像行军打仗之时一方攻破了另一方的战线，那么另一方一定会节节败退，所以股价还会进一步下跌。

（2）均线反映的是前期股价的平均水平，比如20日均线上的某个点表示的是该点所在交易日的前20个交易日的股价的平均值。

当股价跌破长期均线代表股价跌到了很多散户的成本价，很多散户出于

"保本"的思想会选择抛售股票，从而导致股价进一步下跌。这就是为什么说必须得看长期均线而不是短期均线，只有包含了整段上涨的均线才能够反映出盈利盘的平均持仓成本。

来看看晋亿实业（601002）的例子，如图4-9所示的晋亿实业2017年2月至2017年6月期间日K线图。由于晋亿实业前期上涨持续的时间较短，20日均线就能覆盖整个上涨阶段，且不包括太多上涨前的横盘阶段，因此以20日均线作参数是最好的选择。图中标记的交易日里晋亿实业的股价跌穿了20日均线，且伴随着成交量的放出，其之后的股价正如我们所料想的一样继续下跌。

图4-9　晋亿实业2017年2月至2017年6月期间日K线图

第5章

如何运用量价形态选股

在数目众多的个股之中找出一只走势切合某种形态的个股太困难了，因此在本章中总结了三种方法进行选股。第一种运用"问财选股"是依据成交量及相关指标选股，然后结合股价走势二次筛选；第二种形态选股是根据K线图和走势选股，然后结合成交量二次筛选；第三种查看换手率、量比等排名的方法则是用来选出一些极端的量价形态。

5.1　运用"问财选股"

打开同花顺PC版，直接输入"77"，单击"键盘精灵"中出现的"问财选股"，如图5-1所示。

图5-1　同花顺输入"77"后键盘精灵示意图

问财选股是同花顺旗下一款专业的选股问答平台，能够帮助股民建立主力追踪、价值投资、量化模型、技术分析等各类选股方案，对我们用量价形态进行选股也能提供很多帮助。

如图5-2所示，单击"问财选股"项，进入问财选股的页面后，有两条操作路径可以选择，第一种是直接在搜索栏输入你想要检索的有关量价形态的筛选条件，如"连续三日量增价涨""换手率大于6%小于10%的股票""量比在1到5之间"等，然后直接单击"问一下财"按钮，系统会自动为你筛选出符合条件的股票。

当然筛选出来之后你觉得可供选择的个股太多，想进一步筛选，也可以单击"添加条件"，来进行进一步筛选。

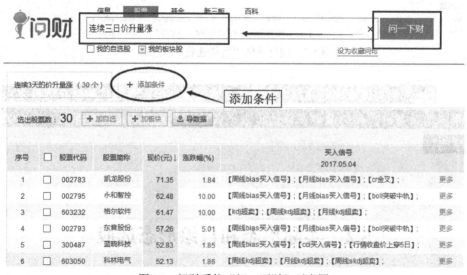

图5-2　问财系统"问一下财"示意图

第二种是在问财页面单击"智能选股"，之后会出现很多指标，我们选择与量价相关的指标，如"量比""成交量""股价""委比"等量价关系常用指标，然后设置一个恰当的数值区间，就能选出自己心仪的股票了，如图5-3所示。

问财选股最大的优势在于能够对每个指标进行量化，投资者能够借助它构建自己的量化择股模型。

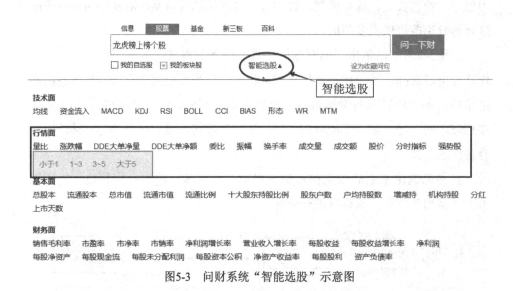

图5-3　问财系统"智能选股"示意图

Tips：问财选股中的指标更多集中在成交量方面，量与价的结合选股方面并不怎么突出，我们最好在筛选出来个股后结合走势和K线图再做一次人工筛选。

5.2　实际形态和自绘形态选股

打开同花顺PC版本，单击上方工具栏中的"智能"，然后单击"形态选股"，如图5-4所示的"形态选股"进入界面。也可以直接输入"79"，在"键盘精灵"里单击"形态选股"进入。

进入界面后我们发现有实际形态和自绘形态两个选项，如图5-5所示。实际形态是已经存在的形态，自绘形态是自己绘制形态，下面我们来具体看看如何操作。

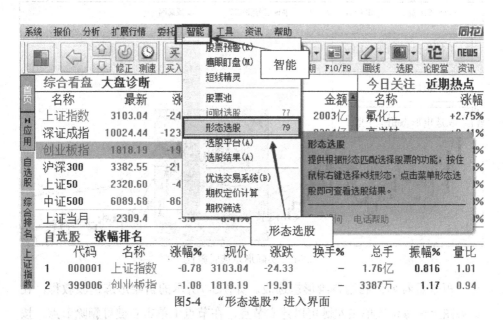

图5-4 "形态选股"进入界面

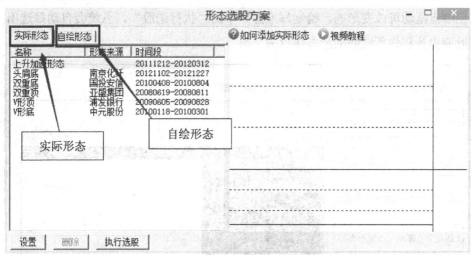

图5-5 "形态选股"操作界面

先来看看如何利用实际形态选股。如图5-6所示的实际形态选股教程，首先按住鼠标左键框选一段K线，然后单击鼠标右键，单击"形态选股"，系统就会自动筛选出具有相似K线形态的个股。

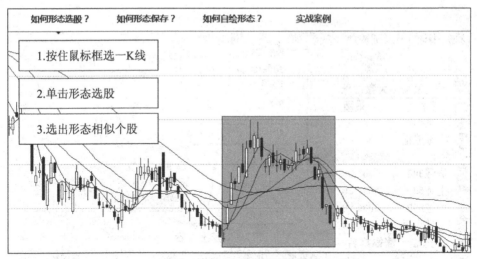

图5-6　实际形态选股教程

再来看看如何利用自绘形态选股。如图5-7所示的自绘形态选股教程，在走势图上任意位置单击左键可以建立节点，在节点上单击右键可删除节点，按住节点拖动可改变形态，绘制好形态后单击"执行选股"，系统会自动筛选出近期走势和你所绘制的形态接近的个股。

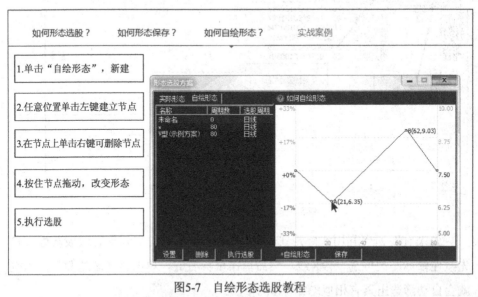

图5-7　自绘形态选股教程

Tips：问财选股是通过给成交量相关指标定量筛选出个股，然后结合K线图进行二次人工筛选，形态选股与其正好相反，形态选股是通过K线图和走势进行筛选，然后结合成交量进行二次人工筛选。

5.3　查看换手率、量比等排名选股

问财选股是依据成交量及相关指标选股，形态选股是根据K线图和走势选股，而我们在本节中要说的根据数据的排名选股则是选出一些极端情况的股票，如封涨跌停板的股票、成交量表现为天量或者地量的股票、涨跌停开板的股票等。

在同花顺PC端输入"GPSXQ"后，在键盘精灵上单击"股票筛选器"，会弹出股票筛选器的页面，在页面左边是个股按照相关数据的排名，如图5-8所示的个股依据指标的排名示意图。单击其中某个数据，市场内所有的股票会按照该数据数值从大到小排列，再单击一下该数据，排列顺序由从大到小变为从小到大。

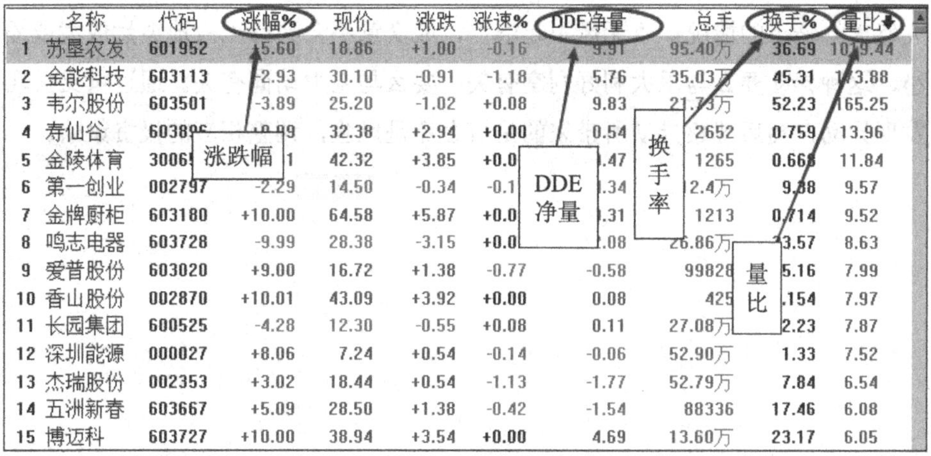

	名称	代码	涨幅%	现价	涨跌	涨速%	DDE净量	总手	换手%	量比
1	苏垦农发	601952	+5.60	18.86	+1.00	-0.16	9.91	95.40万	36.69	1029.44
2	金能科技	603113	-2.93	30.10	-0.91	-1.18	5.76	35.03万	45.31	173.88
3	韦尔股份	603501	-3.89	25.20	-1.02	+0.08	9.83	21.73万	52.23	165.25
4	寿仙谷	603896	+9.99	32.38	+2.94	+0.00	0.54	2652	0.759	13.96
5	金陵体育	30063	涨跌幅	42.32	+3.85	+0.00	1.47	1265	0.668	11.84
6	第一创业	002797	-2.29	14.50	-0.34	-0.1	DDE净量	1.34	9.38	9.57
7	金牌厨柜	603180	+10.00	64.58	+5.87	+0.00		1.31	0.714	9.52
8	鸣志电器	603728	-9.99	28.38	-3.15	+0.0		26.86万	13.57	8.63
9	爱普股份	603020	+9.00	16.72	+1.38	-0.77	-0.58	99828	5.16	7.99
10	香山股份	002870	+10.01	43.09	+3.92	+0.00	0.08	425	0.154	7.97
11	长园集团	600525	-4.28	12.30	-0.55	+0.08	0.11	27.08万	2.23	7.87
12	深圳能源	000027	+8.06	7.24	+0.54	-0.14	-0.06	52.90万	1.33	7.52
13	杰瑞股份	002353	+3.02	18.44	+0.54	-1.13	-1.77	52.79万	7.84	6.54
14	五洲新春	603667	+5.09	28.50	+1.38	-0.42	-1.54	88336	17.46	6.08
15	博迈科	603727	+10.00	38.94	+3.54	+0.00	4.69	13.60万	23.17	6.05

图5-8　个股依据指标的排名示意图

众多指标之中，对我们选股有显著帮助的有四个指标：涨跌幅、DDE净量、换手率、量比。

先来看涨跌幅，当我们要寻找符合涨停板吸筹、跌停板出货、连续一字涨停板、连续一字跌停板等形态的股票时，我们可以利用涨跌幅排名寻找涨跌

停的股票。

然后来看看DDE净量，DDE净量也被称作"大单净量"，大单净量是大单净买入股数与流通盘的百分比比值。大单净量和大单净额一样是一个反映大资金动向的指标，只不过大单净量是一个比值。大单净量与大单净额之间的关系好像换手率和成交量之间的关系。在不考虑主力对倒的情况下，DDE净量为正且数值越大，说明主力资金买入越积极；DDE净量为负且数值越大，说明主力资金离场越坚决。

再来看看换手率，当我们要寻找受市场资金高度关注的股票时，可以将换手率作为一个衡量指标，依据换手率的排名来寻找。当我们要找无量涨跌停的股票时，也可以通过将换手率从小到大排序来筛选。

> **Tips：**同时，高换手率往往是行情启动或结束或滞涨后再度发力的信号，我们还可以通过找出高换手率的股票，观察是否有行情启动和"空中加油"等情况发生。

最后来看看量比，量比排名的最大作用是找出成交量突然大幅放出或者突然大幅缩小的情况。"无风不起浪"，成交量不会无缘无故地突然放大或缩小，这种异动要么与重大利好利空有关，要么与主力动向有关。通过量比排名发现异动，然后观察异动所带来的是机会还是风险，调整相应的投资策略。

第6章

多空博弈角度的量价关系

多空博弈好像两军交战，我们要做的是观察战况，加入可能胜利的一方阵营，与他们一起分享胜利的喜悦。观察"战况"最好的方法就是借助量价关系，只要牢记两条口诀，我们就能通过量价关系看透多空博弈，做到无往而不利。

（1）多空双方中力量强的一方决定股价走势；

（2）多空双方中力量弱的一方决定成交量大小。

6.1 多空双方势均力敌

如上文所说，多空双方中力量较强的一方决定股价走势，因此多空双方势均力敌时股价表现为横盘或窄幅震荡。多空双方中力量较弱的一方决定成交量大小，此时双方势均力敌，成交量的大小直观反映了双方的力量。如果成交量很小的话，说明此时多方力量和空方力量都很小；如果成交量很大的话，说明此时多方力量和空方力量都很强。

多空双方势均力敌且双方力量较小的情况往往出现在长期横盘后，此时交投氛围低迷，不论是空头还是多头交易的积极性都不高。但是由于此时双方力量都较小且双方对局势都很迷茫，如果此时主力参与的话，很容易能够产生趋势，如同人在迷茫的时候更容易盲目听从别人的意见，散户也是如此。

多空双方势均力敌且成交量较大的情况往往出现在变盘前，此时多空双方的力量都很强，双方的交锋非常激烈，这种激烈的交锋很快会决出胜负，因此这种情况之后往往会出现新的趋势。

> **Tips：**好像两个人拼尽全力掰手腕，短期内可能僵持，但是很快由于耐力问题有一方就会败下阵来。

来看看飞马国际（002210）的例子，如图6-1所示的飞马国际2017年5月至2017年8月期间日K线图。图6-1中标记了两段横盘走势，这两段时期多空双方都势均力敌，但是第二段时期对应的成交量水平显然比第一段时期对应的成交量水平高。这是因为第一段时期，多空双方对后市都很迷茫，都没什么看法，所以双方摩擦很小；而第二段时期双方对后市持有不同的看法，所以交锋激烈，在激烈的交锋之后空方力量后继不足，上涨趋势应运而生。

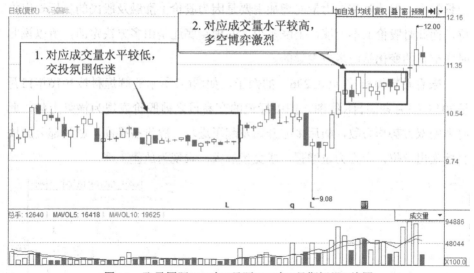

图6-1　飞马国际2017年5月至2017年8月期间日K线图

6.2　多方发起进攻

从前，有两个小孩，一个叫作"多"，一个叫作"空"，他们两人经常混在一起打闹。某天多突然给了空一拳，空被打得后退了几步，空咽不下这口气，立马反手也给了多一拳，双方缠打在一起。

俗话说"万事开头难"，趋势的形成也是如此，一方刚发动进攻的时候往往会受到很多阻碍，但要明确一点，这种阻碍是被动的。故事中的空打多是因为多打了空，而多方发动进攻后受到空方抵制则是因为多方推高了股价，触及一些股民的目标抛售价位，空方力量自然会被动增加。

Tips： 此时这些卖出的股民本身是并不看空的，如同故事里的空是因为多打了他，他才被动反击，如果多没有打他的话，他是不会主动出击的。

值得注意的是，此时成交量变化的主导权是掌握在多手里的。虽然在章节开头说了，多空双方中力量较小的一方决定成交量的大小，此时显然是空方力量较小，但此时空方力量的增加主要是因为股价上涨触及股民的目标卖出价位，而此时股价上不上涨，上涨多少，归根结底还是由多方决定的，所以说此时成交量的变化是由多方主导的。

来看看辉煌科技（002296）的例子，如图6-2所示的辉煌科技2016年12月至2017年4月期间日K线图。图中标记的交易日之前股价表现为横盘走势，此时多空双方势均力敌，随后多方开始发起了进攻，股价被推高，触及部分股民目标卖出价位，空方力量增强，成交量放大，表现为放量上涨。

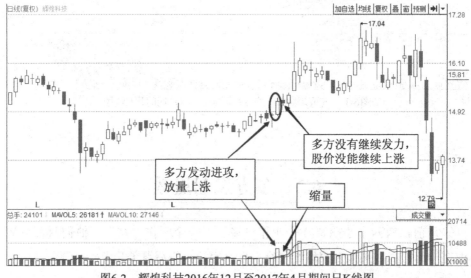

图6-2 辉煌科技2016年12月至2017年4月期间日K线图

再来看之后的一个交易日，该交易日股价没有继续上涨，说明多方没有继续发力，同时由于股价没有上涨不会触及股民的目标卖出价位，空方力量也不会增加，成交量相比之前一个交易日就缩小，这都是由于多方没有继续发力导致的，这也充分说明在上涨初期的多空博弈是被多方主导的。

6.3　多方碾压空方

在缠打过程中，空发现自己不是多的对手，于是空不再正面与多互殴，为了少挨点拳头，空选择主动避让。然而多不肯，多还要追着空打！原先是多一拳拳把空打得后退，现在是空放弃抵抗主动后退，多和空之间的交锋力度小了，但是多前进的速度和空后退的速度更快了。

如果大多数股民都认为股价会继续上涨的话，那么持有股票的就会捂股惜售，这样空方力量会减弱。而原本就处于上涨趋势中，多方力量强于空方力量，成交量的大小由多空双方中力量较弱一方决定，现在空方力量减弱，成交量自然会缩小。

来看看凤凰股份（600716）的例子，如图6-3所示的凤凰股份2013年12月至2014年6月期间日K线图。图中所标记的交易日，凤凰股份大涨，涨幅达到6.39%，相比前一个交易日涨幅扩大，成交量缩小，这是一种后市可以看多的信号。

Tips：成交量缩小说明多空双方至少有一方力量在减弱，涨幅扩大说明多方力量强于空方且差距在扩大，由此可见力量在减弱的一方是空方。

一般长期的上涨趋势成交量是不会一直放大的，因为上涨途中成交量放大其实是代表空方力量在加大，如果空方没有完全认可趋势，这样就很难形成长期的上涨趋势，如图6-3中标记的第二段时期。

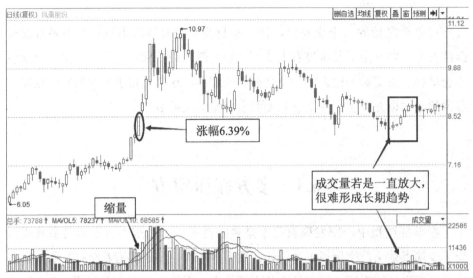

图6-3　凤凰股份2013年12月至2014年6月期间日K线图

6.4　多方遭遇强烈抵抗

　　空采取防守姿态后退，而多追着空穷追猛打，因此多的体力肯定消耗得更快一点。当空感觉到多体力不支的时候，空就会开始反扑，此时多与空之间的交锋又会再次激烈起来。空此时的反扑无非会产生两种结果：仍然打不过多，重复之前的过程；战胜了多，把多打得节节败退，情况正好反过来。

　　当股价上涨到一定高位后，多方力量开始减弱，空方力量开始增强，这是因为股票的商品属性开始发挥作用了。

　　股票有两种属性，投资属性和商品属性。投资属性体现在很多散户买卖股票只是为了赚取差价，并不在意股票的内在价值。商品属性体现在一个商品降价时我们觉得性价比变高了，愿意购买的人就多了；当商品涨价时，我们觉得性价比变低了，愿意购买的人就少了。股票也具有这样的商品属性，它的影响力不如投资属性大，但是当股价上涨到一定程度后它的威力会体现出来。

Tips：自古以来潜藏在我们脑子里的兴衰轮回、物极必反的哲学思想也起到了推波助澜的作用，因此当股价涨到一定高位后，伴随着股价继续上涨，多方力量变弱，空方力量变强是一种必然现象。

来看看津滨发展（000897）的例子，如图6-4所示的津滨发展2013年12月至2014年5月期间日K线图。图中所标记的交易日，成交量大幅放出，当天K线形态为十字星，上下影线都很长，这些都说明了多空双方在这个位置发生了非常激烈的交锋，此时的上涨趋势受到了空方的强烈质疑，之后的上涨趋势便悄然结束了。

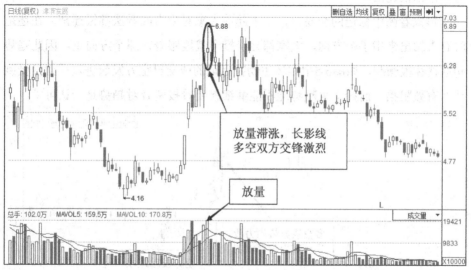

图6-4 津滨发展2013年12月至2014年5月期间日K线图

6.5 空方发起进攻

空突然给了多一拳，多被打得后退了几步，突然挨打的多肯定不甘心，立马作出反击，这样多与空之间你一拳我一拳，双方之间的交锋变得激烈起来。

与多方发起进攻的情况类似，空方的突然发力导致股价下跌，下跌过程中触及部分股民的目标买入或补仓价位，所以多方力量会被动增加，而作为双方中力量较小的一方，多方力量的增强必然会导致成交量的放大。

> **Tips**：此时趋势刚刚出现，多方力量的增强并不是因为股民不认可趋势，而是买盘因为股价触及股民的目标买入或补仓价位而被动增加。

来看看四环生物（000518）的例子，如图6-5所示的四环生物2012年1月至2012年5月期间日K线图。先看图中标记的交易日的前一个交易日，该交易日成交量相对很小，且股价波动幅度小，说明此时多空双方的力量都很弱，大家对后市都很迷茫。

再来看图中标记的交易日，由于此前大家对后市的看法都很迷茫，在迷茫时有人站出来指了个方向，大家都会半推半就地跟着往那个方向走，因此趋势初期往往很顺利，如图6-5中四环生物在标记的成交日空方发起进攻后就没受到什么有效阻挡，而接下来趋势能不能继续就要看投资者对趋势是否认可了。

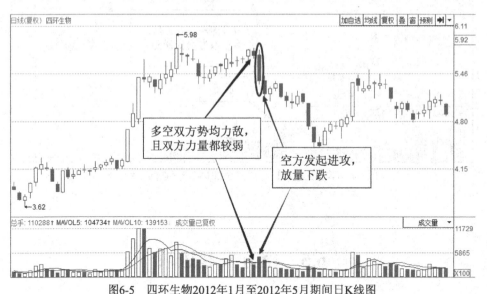

图6-5　四环生物2012年1月至2012年5月期间日K线图

6.6　空方碾压多方

空左一拳右一拳打得多节节败退，多也终于认识到自己与空之间的实力差距，于是不再顽抗，为了少挨点拳头于是消极避退，而空还依然步步紧逼。此时的情况就是，多与空之间的交锋力度小了，但是多败退的速度和空推进的速度反而更快了。

当个股处于下跌途中时，多方力量弱于空方力量，而成交量的大小由多空双方中力量较弱的一方决定，所以此时成交量的大小取决于多方力量的大小。

Tips：当大部分股民都认可某股的下跌趋势后，他们就不会去做多，多方力量减少直接导致了成交量的缩小。因此在下跌途中出现缩量大跌的情况其实是一种空方碾压多方的信号，后市可以继续看空。

来看看中电鑫龙（002298）的例子，如图6-6所示的中电鑫龙2015年11月至2016年3月期间日K线图。图中所标记的交易日，中电鑫龙在下跌途中发生了一次缩量跌停，这时下跌趋势被投资者所认可，空方正在碾压多方的信号，出现这种信号的个股后市大概率会继续下跌。通过图6-6我们可以发现中电鑫龙的后市走势也确实如此。

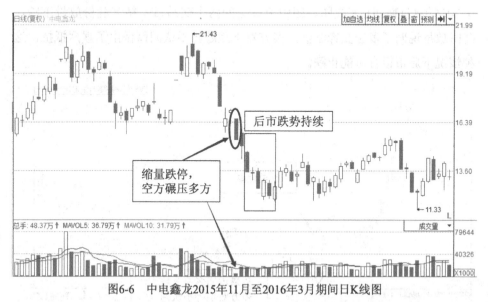

图6-6　中电鑫龙2015年11月至2016年3月期间日K线图

6.7　空方遭遇强烈抵抗

空对多一直穷追猛打，自身的体力也在迅速消耗，多逐渐感觉空不再步步紧逼，打在身上的拳头也不如之前那么有力，于是多开始反抗了，双方之间的交锋又变得激烈起来。

> Tips：在6.4节中说了股票也是具有商品属性的，我们买商品的时候不仅要看商品的质量，也要看商品的价格，归根结底我们看的是商品的性价比，谁都喜欢高性价比的商品。

股价下跌的过程其实是一个提高性价比的过程，当股价下跌到一定程度后，一部分投资者处于"捡便宜货"的心态开始买入，同时之前的亏损盘为了摊薄成本一般也会进行补仓，所以多方力量会增强。而多方是力量较弱的一方，它决定了成交量的大小，成交量必然也会随着多方力量的增强而放大。

来看看精艺股份（002295）的例子，如图6-7所示的精艺股份2015年12月至2016年4月期间日K线图。图中所标记的两个交易日，精艺股份放量下跌，此时放量说明了多空交锋激烈，多方对下跌趋势不认同而做出了强烈抵抗，这种情况下后市很有可能止跌。

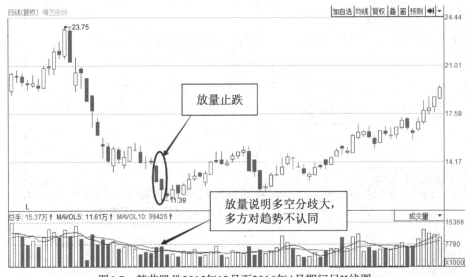

图6-7　精艺股份2015年12月至2016年4月期间日K线图

同时我们注意观察标记的两个交易日中的后一个交易日，它的K线的下影线很长，这说明该交易日股价大幅下跌后反弹，说明在该交易日里，多方曾战胜空方，促使股价反弹，出现这种情况的个股后市有很大概率止跌反弹，精艺股份便是一个很好的例子。

6.8　空方力竭但多方并不反扑

这种情况是多被空打怕了，尽管空不再步步紧逼，打在身上的拳头也不如原先那么有力，但是被打怕了的多害怕遭遇更猛烈的攻击依然不敢反抗，直到空力竭，打不动了，空拍拍多的肩膀说："我们还是和平相处吧，以后我不打你了。"

在本章中，6.2节对应6.5节，6.3节对应6.6节，6.4节对应6.7节，而下跌过程中却多出了一种情况，那就是6.8节空方力竭但多方并不反扑的情况。这是因为上涨和下跌的情况其实是存在差别的，"涨久必跌是肯定的，跌久必涨却未必"。

这是因为上涨途中已经有大量的投资者获利了，当上涨趋势减弱之后这些投资者本着"落袋为安"的想法势必抛售股票，空方力量势必增加；而下跌途中有大量投资者亏损，当下跌趋势减弱后这些投资者由于资金限制和保本思想未必会补仓，此时若是主动抄底的交易者少的话，多方力量就不会有太大的增加。也就是说，滞涨时，盈利盘必定会反手做空；止跌时，亏损盘却未必会反手做多。

> Tips：《三国演义》开篇就说："天下大势，合久必分，分久必合。"有股民也模仿着说过一句："天下股票，涨久必跌，跌久必涨。"然而涨久必跌是肯定的，跌久必涨却未必。

来看看达意隆（002209）的例子，如图6-8所示的达意隆2014年2月至2014年6月期日K线图。图中标记的时段内达意隆一直在缩量下跌，一方面此时的缩量是由于多方对趋势的认可，投资者都被连续下跌吓怕了，不买了。但是我们可以发现此时的下跌是越来越减弱的，这说明空方力量正在逐渐减弱。

趋势极度强势的缩量与这种缩量不一样，那时双方都对趋势十分认可。而这里的情况是空方已经开始渐渐质疑趋势了，而多方还对趋势深信不疑，通俗地说，就是多头被空头打怕了。我们还可以发现缩量下跌之后，达意隆开始横盘，保持较低的成交量水平，这是空头的力量已经减小到和多头势均力敌的地步了，而此时多头依然没有反扑的想法。

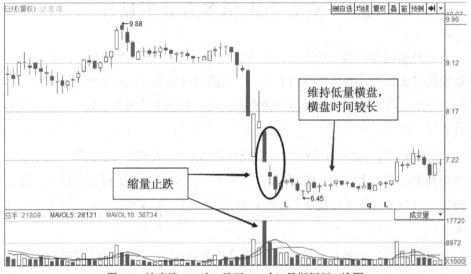

图6-8　达意隆2014年2月至2014年6月期间日K线图

第7章

主力动向角度的量价关系

说完了如何从多空博弈角度进行量价分析，再来说说如何从主力动向角度进行量价分析。多空博弈好像两军交战，哪一方的人多，哪一方的士气高，哪一方就获胜。但是主力相当于一个能力敌万军的巨人，当巨人加入战局时，双方的兵力与士气对比就显得不那么重要，巨人的动向才牵扯着战局的走向。因此当个股有主力出没的迹象时，我们应从主力动向角度来进行量价分析。本章介绍了主力操盘时最常见的四种动向：吸筹、洗盘、拉升、出货，以及这四种动向分别对应的量价特点。

7.1　吸筹阶段的量价关系

主力吸筹一定会选择股价较低的时候，但是吸筹意味着大量买入，而大量买入意味着股价会被拉高。吸筹阶段里存在一个吸筹力度和技巧的问题，主力要尽可能地在低位吸入较多筹码，但又不至于吸得太急，把股价快速推高引得跟风盘来抢筹，经验丰富的主力往往精于此道。

Tips：还有一些主力更精明，他们会用手中的少量筹码向下打压股价，制造恐慌情绪，引发散户的抛售潮，然后乘机在底部大量捡筹码。

这像极了我小时候听到过的一个故事：有个瓜农在一座寺庙门口卖西瓜，30元一个，寺庙的住持问瓜农"20元一个卖不卖？我买的量大"，瓜农坚决不卖。住持回到寺庙后把寺庙里的和尚叫过来吩咐了一番。之后就不断有和尚来问瓜农，"10元一个卖不卖？"一开始瓜农还会把小和尚痛骂一通，结果去问的和尚多了，瓜农内心动摇了，"难道我的瓜一个真的只值10元钱？"这时候住持又来找瓜农了，"20元一个，剩下的瓜我全要了。"这回他们愉快地成交了。

7.1.1　红肥绿瘦

"红肥绿瘦"有两个含义：一个含义是指吸筹阶段红色的K线和量柱比绿色的K线和量柱多，另一个含义是指吸筹阶段红色量柱一般比绿色量柱长。这是因为收盘价高于开盘价的成交日的K线和量柱表现为红色，而大买单会推高股价，吸筹阶段主力往往大量买入，因此红色的量柱和K线会显著多于绿色的量柱和K线。

同时，量柱呈红色时，主力在积极买入，有了主力的积极参与，成交量自然较大；量柱呈绿色时，主力没有参与卖出或者只是用少量筹码来打压股价，没有了主力的积极参与，成交量自然较小。所以红色量柱的平均水平一般比绿色量柱平均水平要长。

在本书中，为了配合黑白印刷，红色K线（阳K线）表示为空心实体，而绿色K线（阴K线）表示为黑色实体；成交量与之相对应，股价在上涨时成交量柱是白色空心的，而股价处于下跌之势时成交量是黑色实心的。

来看看顾地科技（002694）的例子，如图7-1所示的顾地科技2014年7月至2015年5月期间日K线图，顾地科技股价大涨前夕有一次深跌，那是主力在洗盘，而洗盘之前的吸筹阶段，红色的量柱和K线的数量明显多于绿色的量柱和K线的数量，红色量柱的平均长度也比绿色量柱的平均长度要长，这正是吸筹阶段特有的"红肥绿瘦"的量价形态。

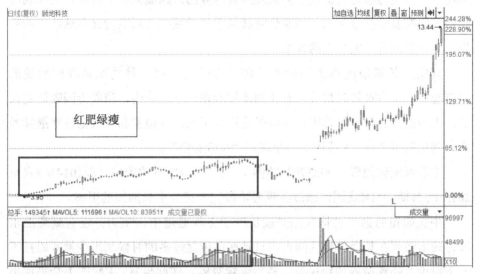

图7-1　顾地科技2014年7月至2015年5月期间日K线图

Tips：只有发现两层含义都符合的"红肥绿瘦"形态，我们才能判定该股是有主力在吸筹。

因为K线是阳线还是阴线是由当日开盘价和收盘价决定的，收盘价高于开盘价，K线是阳线。有些时候开盘价很低，最后收盘价也仅仅略高于开盘价，这时候K线也是阳线，但是该交易日的收盘价很有可能还没前一个交易日收盘价高。

对主力来说，让连续几个交易日的收盘价高过开盘价不是什么难事，但是主力为什么要这么做呢？个股连续地收阳线，股价的涨幅却很小，这显然不是资金流入的信号，更像是主力为了出货搞了点稳定人心的把戏。因此判断个股是否有主力吸筹只看阳线和阴线的数量是远远不够的，"红肥绿瘦"的两层含义，一层都不能忽略。

7.1.2　牛长熊短

股民一般会用"牛短熊长"这个词来形容股市，因为牛市持续的时间往往很短，而熊市持续的时间往往很长。而在吸筹阶段则正好相反，主力主动性买盘导致股价上涨，而吸筹阶段主力的目的就是买入，因此会出现"牛长"的现象；当主力感觉股价被推得太高或者抢筹的跟风盘太多的时候，又会利用少量筹码把股价打压下来，当股价降低且跟风盘减少之后主力又会继续开始吸筹，因此会出现"熊短"的现象。

其实牛长熊短的形态对应着两种吸筹情况，第一种情况是我们常说的"震仓"，主力吸筹时将价格有计划地控制在一个区域内，当股价因吸筹走高后，主力通常会以少量筹码迅速将股价打压下来，以便重新以较低价格继续增仓。两次三番之后，K线图上会呈现出"N形走势"。

来看看宏创控股（002379）的例子，如图7-2所示的宏创控股2014年8月至2015年3月期间日K线图，该股在吸筹阶段完全符合牛长熊短的形态。

牛长熊短的第二种情况则是股价处于上涨通道中，主力并没有刻意追求吸筹成本必须在某个价格区间内，只是在跟风盘过多的时候利用少量筹码打压一下股价，吓跑抢筹的跟风盘，然后继续吸筹。如此反复，K线图上会呈现出

"Ｎ形走势"。

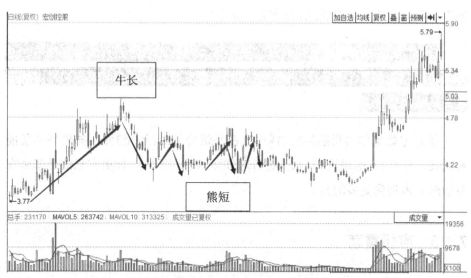

图7-2 宏创控股2014年8月至2015年3月期间日K线图

来看看百川能源（600681）的例子，如图7-3所示的百川能源2014年3月至2015年2月期间日K线图。这种吸筹手法的优势在于能够快速吸收到大量筹码，不用进行旷日持久的拉锯战，而劣势也很明显，这样吸筹主力的持仓成本太高了。

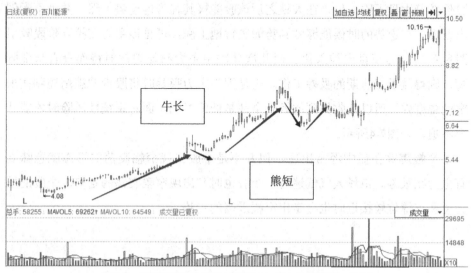

图7-3 百川能源2014年3月至2015年2月期间日K线图

这两种吸筹情况其实没多大区别，只是第一种情况对应的K线形态是"N形"，第二种情况对应的K线形态是"✔形"。

Tips：硬要说有什么不同的话，就是第二种情况中的主力吸筹显然不在意筹码高低，更在意吸筹速度，说明主力计划将股价拉得非常高，我们可以给予其更高的期望值。

就好像如果你的货能卖5元钱你会在乎进价是2元还是3元，如果你的货能卖10元，那么2元的进价和3元的进价对你而言差别不大，你更在意的是怎么在有效时间内进到更多的货。

7.1.3 窄幅震荡

很多主力建仓时对建仓的成本价有严格的把控，当股价略微高过成本价他们便会停止建仓，甚至反手打压，因此股价在低位区进行窄幅的上下波动是主力吸筹的一个重要迹象。

来看看特力A（000025）的例子，特力A是2015年资本市场上名声大噪的一只妖股，它最"妖"的地方在于在2015年下半年之后的几次股灾之后，它的股价随着大盘下跌，但是在大跌之后该股能极其强势地逆势上涨，并且不断创出新高。在逆势的时候能够做到势如破竹地上涨，可见该主力在拉升阶段吸引跟风盘的能力简直出神入化。而几次暴跌中主力都能坦然对待而没有自乱阵脚，则得益于其前期的吸筹工作。正是因为主力吸筹时将股价的震荡控制在很窄的幅度内，所以其收集到的筹码全都是低位筹码，面对系统性风险时才能从容不迫，如图7-4所示。

窄幅震荡在盘中经常出现，但并不是个股出现窄幅震荡的形态就意味着有主力在吸筹。市场人气低迷时，个股也时常出现窄幅震荡的走势，个股的压力位和支撑位较接近时也会走出窄幅震荡的走势。

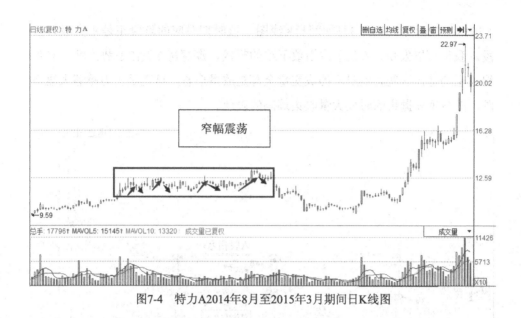

图7-4　特力A2014年8月至2015年3月期间日K线图

Tips：要确定出现窄幅震荡走势的个股是否有主力在吸筹，还需判断股价是否处于低位区，成交是否活跃。

如果窄幅震荡的个股处于低位区，同时成交也不低迷，且兼具"红肥绿瘦""牛长熊短"的特点，那么八九不离十是主力在吸筹。

7.1.4　逆市上涨

一般股票走势都是随大盘同向波动，但有主力操盘的个股往往在这方面表现得与众不同，尤其是在吸筹和出货阶段。吸筹时主力希望散户大量卖股票，这样自己才能轻松地收集到筹码，散户什么时候会大量卖股票呢？当然是大盘走势不好的时候。

散户看着大盘走跌，害怕手中个股受到波及，争相抛售避险，这时候主力就在下面大量接筹码。那些没主力吸筹的个股随着大盘一起下跌，而这些主力趁势吸筹的个股，由于有大量买盘跟进而止跌，并且股价会因为主力进一步吸筹而上涨。

来看看深深房A（000029）的例子，图7-5是叠加了A股指数的深深房

A2014年12月至2015年3月期间日K线图，该时期对应的阶段正是主力吸筹阶段。我们可以发现，A股多次指数下跌的时候，深深房A正在逆势上涨。更值得注意的是，这些时刻对应的成交量全都是放量形态，这正是主力趁着大盘下跌，散户争先抛售的时候大量收集筹码的表现。

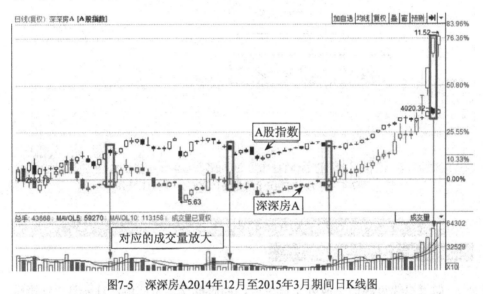

图7-5 深深房A2014年12月至2015年3月期间日K线图

Tips：古人成事讲究"天时、地利、人和"，这里的大盘下跌造成散户恐慌，引发抛售潮，对主力吸筹而言就是"天时"。

一般来说，主力想要快速收集大量筹码同时不把股价拉得太高有三种途径：

第一种是利用少量筹码打压股价，造成恐慌；

第二种是联合上市公司发布利空，吓跑散户；

第三种是借助大盘下跌的"天时"。

第一种情况要看主力的操盘水平，操作得不好不仅没把股价打压下去，还会被经验丰富的老股民发现主力操盘的痕迹；第二种情况需要与上市公司交涉，同时还需要规避监管；还是第三种情况操作起来难度最低且无风险。因此在吸筹阶段主力往往会尽力抓住每一次大盘走跌、散户恐慌的机会，依据这一特点，用心观察，我们很容易会发现主力吸筹的痕迹。

7.2 洗盘阶段的量价关系

战争年代，尖刀队伍要执行重要的军事任务时，队长总会夸大任务的难度和重要性，目的是希望意志不坚定的成员知难而退，以免他们临阵之时动摇影响整个行动。洗盘和战前训话很类似，洗盘也是为了洗去那些持仓不坚定的散户，以免他们在拉升前期"叛变革命"，给主力拉升造成困扰。

Tips：对于那些持仓坚定的散户，主力是不愿意把他们洗出去的，因为主力需要他们来帮自己锁定筹码。

这些经过洗盘还依然坚决持仓的散户可以说已经经受住了考验，是坚定的看多分子或锁仓分子，主力硬把他们洗出去，换来一批不确定意志是否坚定的散户有什么意义呢？因此主力打压洗盘是要把握好尺度的，要把持仓不坚定的散户给洗出去，同时不能把坚决持有的散户给逼走。

7.2.1 打压式洗盘

洗盘分为打压式洗盘和横盘式洗盘，打压式洗盘指的是主力把股价向下打压，利用股价下跌将一些持仓不坚定的散户吓退；横盘式洗盘指的是主力在吸够筹码后偃旗息鼓。由于市场内该股的大部分筹码都被主力所控制，主力长时间无动作后，该股的交投会渐渐下降，一些吸筹时跟风买进的投资者会渐渐离去，剩下的都是些"真爱粉"。

两种洗盘方式各具特色，我们先来看看打压式洗盘的特点。

来看看天首发展（000611）的例子，如图7-6所示的天首发展2014年11月至2015年5月期间日K线图，天首发展的主力有过两次打压式洗盘，一次是在股价拉升前，一次是在股价拉升途中。主力打压时成交量一般是渐渐缩小的，成交量渐渐缩小说明出逃的散户在渐渐减少，说明锁仓度越来越高。如果主力打压股价时发现成交量没有逐渐缩小，主力不会贸然拉升，主力要么多吸收一点筹码加大控盘力度，要么继续洗盘，洗到多数筹码被锁定为止。

但我们可以发现，图7-6中天首发展的主力在拉升途中运用的是打压式洗盘法，这是因为拉升才开始没多久，股价没涨多少，这时候打压不会把那些坚定持仓的散户吓跑，如果主力在股价较高的时候贸然打压洗盘那简直是在自寻死路，散户们会以为这是主力在出货而纷纷撤离，股价会暴跌。因此在拉升途中打压式洗盘一般只会出现在拉升前期。

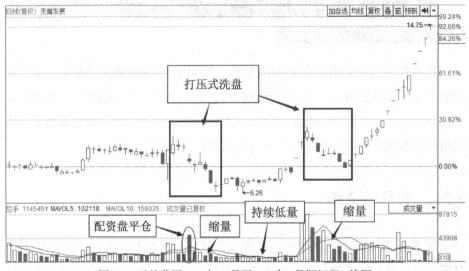

图7-6　天首发展2014年11月至2015年5月期间日K线图

洗盘过程中偶尔还会出现成交量激增的情况，天首股份的成交量在2014年12月16日放出了巨量，这是因为主力在打压股价的时候触及配资盘的平仓线，没钱追加保证金的配资盘被强平了出去，突如其来的巨大卖盘造成成交量突然放大。

因此，大资金的配资盘对主力来说就像一把悬在头上的达摩克利斯之剑，精明的主力都会在洗盘阶段把大资金的配资盘给洗出去，并且一定是在拉升之前的洗盘阶段给洗出去，因为等拉升起来之后要想再把股价打压到配资盘的平仓线以下几乎不可能了。

7.2.2 横盘式洗盘

横盘式洗盘也分拉升前的横盘式洗盘和拉升途中的横盘式洗盘。

Tips：拉升前的横盘式洗盘精髓在于一个"耗"字，主力在吸够筹码之后就不再有动作，通过长时间的横盘将喜欢捕捉市场热点、热衷短线投机的跟风盘给洗出去。

主力偃旗息鼓之后，成交量反映的就是该股的交投情况，成交量逐渐下降，说明该股大多数散户对该股失去了兴趣。当成交量持续地量之后，说明原先吸筹阶段吸引来的跟风盘已经基本散了了，是时候可以考虑拉升了。来看看深深房A（000029）的例子，如图7-7所示，深深房A的主力便是在该股经历了长期横盘式洗盘，成交量持续放出地量之后才开始拉升的。

再来看看拉升途中的横盘式洗盘，主力在拉升途中感受到较大压力时会立即停止拉升，进行横盘式洗盘。这种压力从何而来？这种压力来自获利盘的抛售。拉升途中前期获利盘抛售是必然的结果，但是存在一个抛售的量大量小问题。如果拉升前的洗盘工作没有做到位的话，或者主力没有高度控盘，那么获利盘抛售的量会比较大，这时候就需要进行横盘式洗盘了。因此，深深房A的主力在上涨途中进行了一次横盘式洗盘。

拉升途中的横盘式洗盘可划分为三个步骤：

（1）主力首先要把获利的跟风盘逼出去，先来一个打压，打压的时候成交量整体较大，但形态上体现为缩量。因为一开始的打压是主力对倒打压，成交量必然放大，而之后主力不再有动作，成交量自然缩小，这个过程伴随着获利的跟风盘出逃，所以成交量整体较大。

（2）经历过打压后获利的跟风盘出逃了，主力也偃旗息鼓，该股的交投会逐渐下降，成交量也会随之降低，等成交量降低到一定程度后，洗盘的目的已经差不多达到了，接下来该为重新开始拉升做准备了。

（3）主力要再次开始拉升必须重新去吸引新的跟风盘，怎么做？来一个放量拉升，最好是一个放量涨停板，引起市场内散户的关注，把该股重新炒热。一般情况下，这时候可以趁势直接开始拉升了，但是有些谨慎的主力会再来一次打压式洗盘，再清理一次前期获利跟风盘，如图7-7中深深房A的主力。

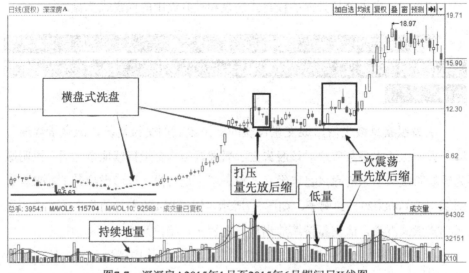

图7-7　深深房A2015年1月至2015年6月期间日K线图

对比两种洗盘方式，横盘式洗盘洗得不彻底，只能清理走短线跟风盘，却清理不走那些在横盘时愿意长期持有的和面对股价波动就按捺不住的投资者，打压式洗盘在这方面做得很好。

打压式洗盘的缺陷在于容易暴露主力的行踪，经验丰富的投资者会捕捉到主力行踪从而跟随主力进行操作，在主力拉升股价时对主力是好事，能捕捉到主力踪迹的投资者肯定不会只赚蝇头小利就撤退，因此能帮助锁定筹码。但是主力在出货时可要头疼了，经验丰富的投资者既然能发现主力在洗盘，那么发现主力出货的概率也很大，他们在主力出货时也抢着卖出，无疑加大了主力出货的难度。

总体来说，两种洗盘方式可谓是各有优缺，现实中主力往往也不会只用一种而是结合起来使用，两者相辅相成、相得益彰。

7.3　拉升阶段的量价形态

主力拉升阶段有四个特点：第一个特点，主力是通过对倒手段来拉升股价，主力只有通过对倒才能保证拉升时不增加手中筹码；第二个特点，主力会在股价处于关键点位时发力，让股价越过关键点位，给多头鼓舞士气；第三个特点，不断地吸引跟风盘，源源不断的买盘才能推动股价，那么这些买盘哪里来？显然不会来自主力，主力不会再增加手中的筹码了，这些买盘只能来自跟风盘；第四个特点，拉升途中主力要保持一定的控盘度，筹码意味着左右市场的能力，如果主力手中的筹码过少，市场的浮筹过多，主力会很被动。

在本节中我们来研究一下这四个特点赋予了拉升阶段哪些特殊的量价形态，以及主力能利用这四个特点使出什么拉升手法。

7.3.1　对倒拉升

主力拉升股价最常用的手段叫对倒拉升，那么究竟什么叫对倒拉升呢？先来看个故事。

菜市场上有很多人在卖白菜，张三家的白菜3元/斤，李四家的白菜3.1元/斤，王五家的白菜2.9元/斤……总之，菜市场里白菜的价格在3元/斤左右。这时候突然来了个菜贩子吆喝道："卖白菜喽，5元每斤，不议价。"张三、李四、王五等人心想这人怕是疯了吧。结果没过几日来了一个暴发户模样的商人，他高声吆喝着："大批量收白菜喽，5元钱一斤哦。"然后他走到了那个卖5元一斤的菜贩子那里，买下了他所有的白菜。见到这一幕，菜市场的所有商贩都十分惊讶，心想："难道是我们过去卖得太便宜了？"第二天，菜市场所有的商贩卖的白菜都涨价了，价格都涨到了5元/斤左右。

事实上，卖5元/斤的商贩和花5元/斤去买的暴发户其实是一伙的，他们抬高白菜价的方法就是对倒拉升法。

主力和上述故事中的暴发户使用类似的方法，在自己想要的价位上制造大量成交来影响商品价格，他们的手段都是自己吃自己的货，但还是有一点区别，暴发户可以选择买谁家的白菜，主力是无法选择买谁的股票的，因此要费一番波折才能吃到自己的货。

> Tips：假设主力使用对倒拉升的手段，个股当前的股价是10元，主力在11元挂了大量的卖单，然后主力开始挂11元的买单，由于10元到11元之间有其他散户的卖单，因此尽管主力挂的是11元的买单，也必须先与这些散户的卖单成交。

主力只有在下方的卖单全部被吃掉后，才能开始吃自己的卖单，由于同一价位的成交依据是时间优先和数量优先原则，因此主力无法保证在目标价吃的全都是自己的卖单。

那么主力对倒拉升时K线图会有什么特点呢？首先主力拉升和普通买入拉升不一样。普通买入拉升时，股价是从10到10.01，到10.02，到10.03……是层层递进；而对倒拉升在分时图上表现为一个垂直式的上升，可能直接从10就变动到了10.5。

同时股价层层递进地上涨的话，会不断有散户在上涨途中挂卖单，而对倒拉升则是股价突变，根本没有给散户这个机会，因此在对倒拉升时，上涨途中成交量是很小的，而头尾的成交量很大，分别是因为要消化散户的卖单和自己吃自己的卖单。这两个特点在图7-8百川能源的主力对倒拉升时的K线中被标记出来。

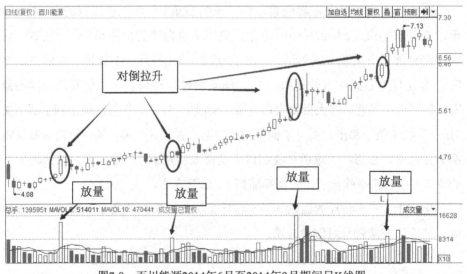

图7-8　百川能源2014年6月至2014年9月期间日K线图

同时，因为对倒拉升的时候主力自己左手倒给右手很多股票，所以成交量肯定相对较大。如图7-8所示的百川能源2014年6月至2014年9月期间日K线图，主力几次对倒拉升时的成交日当天的成交量都呈放量形态。

7.3.2　一波三折式拉升

有主力操盘的个股的上涨不一定总是一路攀升的，也会出现"三步一顿"甚至"三步一回头"的情况。

首先，这种情况的原因可能出在主力身上，在拉升初期，走势出现横盘整理形态往往说明主力吸筹和洗盘的准备工作没做好，需要通过横盘整理来洗出前期获利的跟风盘。在拉升后期，走势出现一波三折的形态往往说明此时拉升股价对主力来说难度较大，因为股价涨得越高拉升所需要的资金就越多，在后期主力往往一边拉升一边出货。伴随着主力出货，筹码锁定度越来越低，拉升的难度也越来越大。

这个道理很简单，假设主力把股价拉升1%，需要主动买入100万股，那么在股价10元/股的时候主力只需要1000万元，但是股价涨到20元/股之后，主力需要花费的就是2000万元。

再假设主力拉升需要买入20%的浮动筹码，如果主力锁仓了流通盘50%的筹码，那么主力需要买入的股数占流通股的（100%-50%）×20%=10%；而伴随着主力出货，主力锁定的筹码只占流通盘的30%，这时主力拉升需要买入的股数占流通股的（100%-30%）×20%=14%。

> **Tips**：主力控盘度越高，拉升股价就越容易，但是主力的资金是有限的，大量资金拿来锁仓，用来拉升的资金就少了，因此资金不是特别充裕的主力往往会在拉升阶段出现"一波三折"的走势。

来看看百川能源（600681）的例子，如图7-9百川能源2014年8月至2015年2月期间日K线图中标记了两次拉升途中的横盘情况，第一次是由于主力在拉升初期感觉浮动筹码有点多，主力选择进行横盘式洗盘；第二次是股价进入高位区后，卖盘增多，股价开始滞涨，主力此时选择了观望。如果股价横盘或轻微震荡且成交量渐渐缩小，则可以考虑继续拉升；如果股价掉头向下，主力很有可能会来一个对倒拉升，然后诱多出货，这时候放出巨量一定要引起我们的注意。

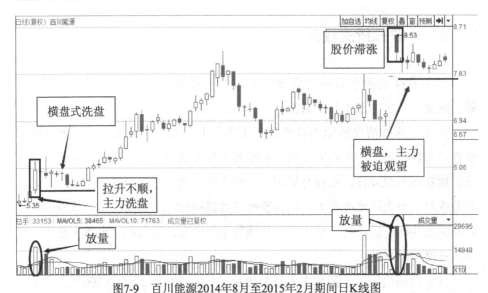

图7-9　百川能源2014年8月至2015年2月期间日K线图

另外，一波三折式拉升还可能是特定的大盘走势造就的产物。

2015年的"妖股"特力A（000025）在拉升途中便遭遇了几次大盘暴跌的情况，如图7-10所示的特力A2014年8月至2016年2月期间日K线图，该股在拉升途中经历了三次股灾，分别发生在2015年6月、2015年8月和2016年1月。

Tips：每次股灾时该股也和其他股一样大幅下跌，但股灾过后便迅速反弹并重新开始拉升，呈现出一波三折的上涨形态。

在股灾时，对投资了有主力操盘的个股的投资者而言，最可怕的情况是主力出逃，主力出逃的话，股价注定一泻千里。观察图7-10可以发现，2015年6月的股灾时股价最低点也只在主力之前吸筹的价位附近，因此对特力A的主力而言，压力并不是很大。同时结合后期强势的涨势来看，该主力的资金实力非常强，这也是主力是否继续操盘的一个重要条件。

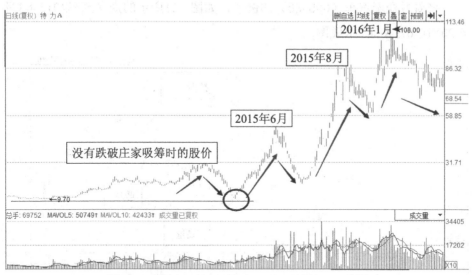

图7-10 特力A2014年8月至2016年2月期间日K线图

7.3.3 一马平川式拉升

主力拉升股票时最在意两点，第一点是如何让已经持股的散户坚持持股，第二点是如何吸引跟风盘来买股票。那么如何做好这两点呢？关键在一个词"信心"。给了持股的散户股价会持续上涨的信心，他们就会坚决持有，给了跟风盘股价进一步上涨的信心，他们就会闻风而至。那么怎么给他们信心呢？

很多主力有各自的技巧，比如联合上市公司发布利好公告，联系股评家发文推荐，刻意制造技术形态，大买单买、小卖单卖，等等。但总的来说，最能够给散户信心的还是一鼓作气地拉升，在一些关键点位和股价滞涨的时候，主力以一种强势的姿态把股价推上一个新高度。

Tips：其实这是一个气势问题，《左传》"曹刿论战"中说过："一鼓作气，再而衰，三而竭。"股价能够一鼓作气不间断地上涨，"气"不散，持股的散户持有得就越长久，吸引的跟风盘也越多，股价也会涨得越高。

　　来看看众泰汽车（000980）的例子，如图7-11所示的众泰汽车2015年3月至2015年6月期间日K线图。

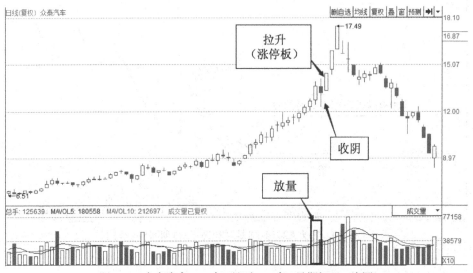

图7-11　众泰汽车2015年3月至2015年6月期间日K线图

　　众泰汽车的上涨十分顺利，拉升阶段的K线中阳线占了绝大多数，这都得益于主力让持股散户坚定信心和吸引跟风盘的能力。在图7-11中标记了一根放量的量柱，根据主导方理论，在上涨中后期放量说明空方力量增强，果不其然，下一个交易日众泰汽车便收了阴线。这时候主力为了给散户信心做了一件什么事呢？主力在收阴线的次一个交易日立马拉升股价，并且还拉到了涨停。主力的这个举动不仅打消了空方出逃的想法，还吸引了大量跟风盘，股价也因此得以继续上涨。

　　一马平川式拉升对主力的资金实力和操盘能力都有很高的要求，不仅如此还必须要有大盘的配合，比如7.3.2节中特力A主力的资金实力和操盘实力都很强，但是大盘走势很差，个股也受到了波及。但如果把每一段拉升分开来看，特力A的每段上涨都是极其强势的，所以重要的不是形式，而是主力要表现出其强势，给散户加油鼓劲。只是一马平川式拉升刚好是展现主力拉升时强势的最好手段。

7.4　出货阶段的量价关系

出货是主力要卖股票，但是主力必须要在散户踊跃接盘的时候去卖，这样才能顺利地在较高价位把手中的股票卖完。因此主力在出货时是极力避免被散户发现自己行踪的，那些大张旗鼓的动作都不是玩真的，反倒是某些不引人注意的盘中小变动才是主力出货的迹象。用一句情侣分手的话来形容主力出货再合适不过。

"那些吵着嚷着说要离开的人，总是在最后红着脸弯着腰把一地的玻璃碎片拾掇好，而真正准备离开的人，只会挑一个风和日丽的下午，随意裹上一件外套出门，便再也不会回来。"

7.4.1　边拉边出

如果我们天真地相信主力要靠不断增仓才能把股价不断推高的话就大错特错了，只要主力诱多做得好，控制好出货力度，加上大盘配合，出货就不会打破涨势。大多数主力都有在拉升途中派发筹码的行为，只是派发的多和少的问题，这种拉升途中的派发筹码就是我所说的边拉边出。可以说，边拉边出这种状态是大多数主力想要极力维持的。操盘手法高明的主力能够将边拉边出的状态维持很长时间，而蹩脚的主力可能一出货就把涨势打破。

在主力出货的手法里，边拉边出是最隐蔽最高明的一种。边拉边出在形态上表现为这只股票很少出现高位放量的情况，而仅仅是在某一段上涨的初期出现放量，整个上升形态保持得较好，所以很多散户还以为主力没有出货，持股的信心也很坚定，轻易不会出局，因此行情可以持续得较久，甚至发展成长期的牛股。

来看看英飞拓（002528）的例子，如图7-12所示的英飞拓2015年4月至2015年7月期间日K线图。

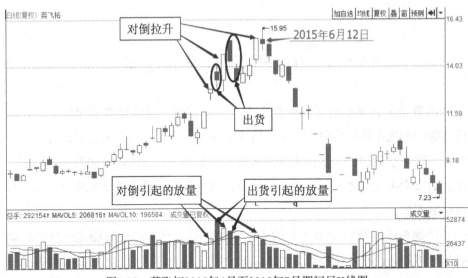

图7-12 英飞拓2015年4月至2015年7月期间日K线图

如图7-12所示，英飞拓在拉升途中有过两次大量出货的迹象，同时我们可以发现前一个交易日的股价都是大幅上涨的，而且对应的成交量也很大，这正是对倒拉升的特点。主力首先通过对倒拉升在某个交易日把股价推高，这样一来下一个交易日的跟风盘就会很多，主力再借机出货，出货时掌握好出货力度，股价下跌超过一定幅度立即停止出货并反手做多。如此几次三番之后，主力便达到了边拉边出的目的。

Tips：主力出货时要维持股价上涨必须吸引非常大的买盘做支撑，这不仅考验了主力的诱多能力，还必须要大盘的配合。

如图7-12所示，主力在2015年6月11日进行了第三次对倒拉升，可以看出主力希望能继续边拉边出的，结果遭遇了2015年6月12日爆发的股灾，此时诱多已经没有意义，主力此时要做的就是趁着下行通道刚打开抢在散户前面出货。我强调这一点的意思是，主力也会顺势而为，千万不要以为只要跟随主力操作就可以无视大盘走势了。

有些手法凶悍的主力是会有逆市拉升股价行为的，但是这种行为绝对不会出现在边拉边出的情况之后。因为主力只有在高度控盘后才有可能逆势拉升，而伴随着出货主力控盘力度也在下降，所以边拉边出之后主力是根本没有能力逆势拉升。

7.4.2 类散户出货

这是最简单的出货方法，即主力看见买单大的时候开始出货，当出货导致股价下跌且买盘力量减弱之后主力就停止出货。主力没有在出货造成散户看空、买盘减少的时候主动去诱多，而是等待市场自身把恐慌情绪消化掉。

主力不诱多有两种可能，第一种可能是大盘走势较好，主力停止出货，股价就能自动稳定；第二种可能是主力此时手中筹码已经不多了，筹码不足意味着控盘力度不足，控盘力度不足意味着拉升股价费力，因此主力没必要为了所剩不多的筹码特意去拉升股价。由于这种出货方式完全没有体现主力操盘的优势，和散户卖出一样只是顺势而为，因此被称为"类散户出货"。

来看看天赐材料（002709）的例子，如图7-13所示的天赐材料2017年3月至2017年5月期间日K线图。

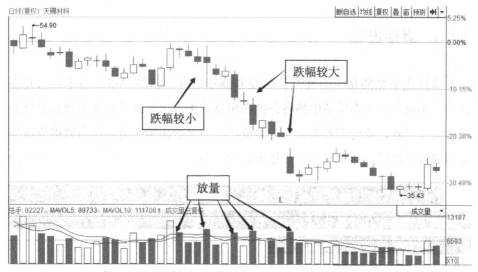

图7-13 天赐材料2017年3月至2017年5月期间日K线图

通过图7-13我们可以发现，天赐材料的主力在出货过程中阴线显著多于阳线，且阴线对应的量柱显著高于阳线对应的量柱，这是经典的资金流出的技术形态。但是正因为这是经典的代表资金流出的技术形态，很多散户也对这种形态很熟悉，所以主力出货时往往会避开这种形态，比如制造一些假阳线，让阳线看起来比阴线多，通过对倒的手段让红色量柱看起来比绿色量柱长。

而这里的主力毫不避讳，极有可能是因为在前期边拉边出的过程中主力已经抛售了大量筹码，获利已经丰厚，同时此时主力的控盘力度已经较低，硬拉股价需要的资金太大，所以选择类散户出货来把剩余筹码出完。

Tips：出货前期股价跌幅较小，出货中后期股价跌幅较大，而他们对应的成交量柱的长度却很接近，这是类散户出货与普通的资金流出的最大区别。

因为普通的资金流出时成交量绝不可能变动得这么规律，而主力出货是定量的，每个交易日要出多少货是规定好的，所以成交量柱的长度较接近。前期买盘较多，因此主力出货不会把股价压得太低；而中后期买盘不继，主力出同量的货就会把股价打压得很低。反过来说，也只有股价降低了才会触及更多散户的补仓线，买盘才会更多，主力才能出货。

7.4.3 震荡出货

震荡出货指的是主力在高位区反复制造震荡，让散户误以为主力只是在洗盘，实则主力正在震荡中慢慢分批次出货。主力出货时盘中卖压增强必然会造成股价下跌，股价下跌到某一支撑位时主力又会出来护盘，因为跌破支撑位会造成散户恐慌，对个股人气有较大影响。

Tips：为了保证出货价格，同时也为了维护已经略显衰弱的人气，主力必须要制造快速有力的拉升，才能让散户保有持股信心。如此出货和护盘动作交替，个股自然就形成了震荡走势。

主力使用震荡出货往往是由于手中的筹码较多，集中抛售会造成股民踩踏性出逃，这样主力不仅出不了多少货，股价还会一泻千里，因此主力选择慢慢分批次出货，用时间换空间，同时筹码较多意味着控盘度高，主力高度控盘时拉升股价很轻松。

来看看远东传动（002406）的例子，如图7-14所示的远东传动2011年1月至2011年5月期间日K线图。震荡出货阶段远东传动的股价波动幅度较大，这种波动幅度大的震荡吸引了大量的短线投资者关注，炒短线的散户进进出出使得该股的成交量维持在一个较高水平。

同时由于主力要出货，因此绿色量柱的平均水平长于红色量柱的平均水平，这和震荡吸筹时红色量柱的平均水平长于绿色量柱的平均水平同理。不过长度差距不像后者那么明显，这是因为前者散户造成的成交量比后者大很多。相对而言，散户出货带来的成交量放大表现得没吸筹带来的成交量放大那么明显。

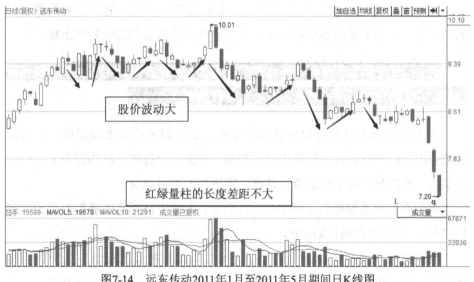

图7-14　远东传动2011年1月至2011年5月期间日K线图

那么如何区分震荡出货和震荡洗盘，简而言之，两者大约有五点区别。

（1）成交量有所不同。震荡出货时成交量一直维持在较高水平，震荡洗盘时成交量逐渐萎缩。

（2）K线形态有所不同。震荡洗盘时是"红肥绿瘦""牛长熊短"；震荡出货时是"红瘦绿肥""牛短熊长"。

（3）量价形态有所不同。震荡出货往往上涨缩量，下跌放量；震荡洗盘一般上涨放量，下跌缩量。

（4）震荡力度有所不同。主力震荡洗盘时会心存顾虑，不会让技术形态走得太快,便于之后的修复和拉升。当股价下跌到一定程度时,主力便会进行护盘,一般震荡洗盘过程中,股价不会有效击穿30日均线。

(5)破位下跌有所不同。两者在震荡结束之后往往都会有一个破位下跌,即股价跌穿震荡的箱体下沿。震荡出货的破位下跌的成交量很大,这是主力结束震荡出货开始类散户出货的标志;震荡洗盘的破位下跌的成交量很小,这是主力在拉升前夕的最后一次"假摔"。

7.4.4　假突破出货

在多空博弈时,股价突破前期高点或突破箱体震荡上沿会给多头带来极大的鼓舞,在接下来的多空博弈中,备受鼓舞的多方会把股价持续上推。

Tips:但是在主力控盘的情况下,结果往往相反,因为主力也知晓散户的心理,而主力绝不会顺应散户心理,只会利用散户心理。

主力经常会将股价拉到突破前期高点,通过创出新高来鼓舞散户,或者在箱体震荡后把股价拉过箱体上沿,传递一种股价会持续上涨的假象来吸引散户买入,然后自己则借机出货,这就是所谓的假突破出货。

我们来看看通程控股(000419)的例子,如图7-15所示的通程控股2010年10月至2011年1月期间日K线图。

我们可以发现图中标记出的那个交易日,通程控股的股价首先突破了箱体上沿,之后还一鼓作气突破了前期高点,可以说对散户的鼓舞非常大了。人人都期盼着股价"再上一层楼",可结果呢?第二个交易日股价没有如预期般大涨,而是收了十字星,之后股价更是连连下跌,这充分说明之前的突破是主力为了出货刻意制造的假突破。

如今我们回过头去看,发现股价在突破之后暴跌,当然知道这个突破是假突破,事后诸葛亮谁都会当,但是有什么依据在股价下跌之前就能辨别出假突破呢?当然能。还以通程控股这段时间的走势为例,注意看该交易日K线的上影线,K线的上影线很长,上影线很长说明了什么?说明了股价冲高回落。股价为什么会冲高回落?只有可能是因为卖盘增多。

图7-15　通程控股2010年10月至2011年1月期间日K线图

那么重点来了！卖盘为什么会增多？个股刚进入上涨通道，同时还突破前期高点了，伴随着上涨卖盘应该越来越少才对，为什么会越来越多呢？只有一种可能，这是主力在出货！这样一来一切都解释得通了。这也是为什么说放出的巨量只有一部分是空头推动股价消化掉多头的心理目标价位卖盘带来的，还有一部分是趁着买盘活跃主力大量卖出带来的。

我们再来通过该交易的分时图来确认一下，如图7-16所示的通程控股2010年12月15日分时图，我们发现正如上所述，股价冲高回落，同时回落阶段的成交量很大。还有一点要引起我们关注的是股价最高冲到了涨停板，这涉及接下来要讲的涨停板出货的内容，本质上它和假突破出货一样，都是给散户信心，都是诱多。

Tips：可以说2010年12月15日这一天通程控股股价的走势极其强势，既突破了箱体上沿，又突破了前期高点，还碰到了涨停，这三点放在多空博弈中都是强势的上涨信号，但是你不觉得太巧了吗？没错，这些都是主力刻意给你看的，主力越想给你看的东西往往离真相越远。

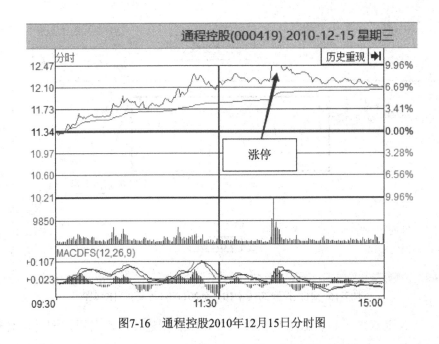

图7-16　通程控股2010年12月15日分时图

7.4.5　借助涨停板出货

投资者一般都认为能涨停的股票会保持强势，后市依然能够看涨，所以部分投资者会在涨停价挂单，排队等待买入，或者等待涨停打开后买入，即我们通常所说的"打板"。此时主力进行出货操作不会引起股价大幅下跌，同时保障了更高的利润，更重要的是能够很好地隐藏自己的行踪，这是借助涨停板出货优于其他出货方式的一个地方。主力在出货时造成的卖压必然会与原有的买压造成冲突，从而影响股价走势，或导致股价下跌，或使股价滞涨，或降低股价上涨速度，这样散户很容易根据股价的涨势来推断主力是否出货。

也就是说，主力出货会限制股价的上涨，而涨停板的存在是用来限制股价上涨的，因此主力在个股封涨停板时出货，出货对股价上涨的限制会被涨停板的作用所掩盖，前提是涨停板不能被打破，涨停板一旦被打破散户就会意识到这是卖压增加而不是买压无法释放。

来看看九鼎新材（002201）的例子，如图7-17所示的九鼎新材2017年

3月17日分时图。该交易日九鼎新材的主力就是在借助涨停板出货，开盘不久后股价被强势拉至涨停，封住了涨停板。值得注意的是，在封板的阶段成交量还时常大量放出。刨除大盘暴跌的影响，只有极少数的散户会在个股封涨停板之后挂卖单，因此这里封板之后的放量只有可能是主力在出货。

Tips：主力在封板时出货只要控制好力度，涨停板就不会被打开，但部分散户只关注股价的变动，不会发现什么端倪，只有少数盯盘的散户会因为委卖盘的增多而考虑卖出。

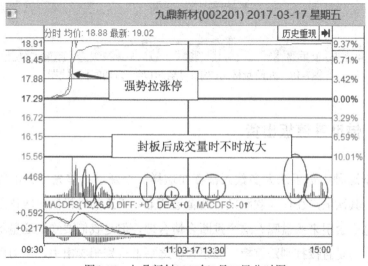

图7-17　九鼎新材2017年3月17日分时图

看完了2017年3月17日的分时图再来看看这一阶段的K线图，如图7-18所示的九鼎新材2017年2月至2017年5月期间日K线图。首先涨停板当日成交量放出巨量，这个巨量一部分来自于拉升，另一部分来自于主力出货。然后在该交易日放出巨量之后，接下来的几个交易日成交量也一直很大，说明买卖双方都很积极。

买方主要是受到涨停板鼓舞而踊跃买入的散户，卖方则主要是出货的主力。同时我们可以发现持续放量的几个交易日的K线的上影线都很长，这说明这几个交易日股价都是冲高回落，说明股价是在上涨之后突然遭遇连续性卖盘从而回落，这也印证了主力此时正在出货。

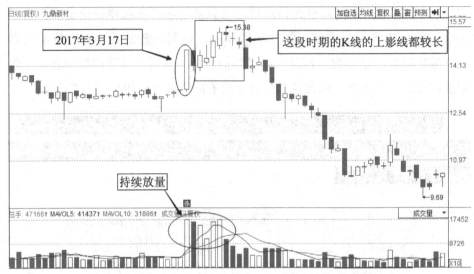

图7-18   九鼎新材2017年2月至2017年5月期间日K线图

7.4.6　借助跌停板出货

关于这种出货手法大多数人都存在这样一个疑惑：首先主力出货是要吸引买盘，其次散户往往喜欢跟风。结合这两点，下跌的时候散户应该跟风抛出才对，怎么会引来买盘呢？这个推断合情合理，但是我们要知道这里不是普通的打压，而是直接打到跌停板，股票封板之后谁也别想卖出去，主力用这种极端的手段把跟风盘留在了场内，而我们会发现一个惊人的事实，当跌停板打开之后，跟风盘反而不像普通下跌一样大量出逃，更多选择了观望。

大多数散户都有这样一种心态，小幅亏损的时候很焦急，争着抢着要卖出，而当亏损达到一定程度之后反倒觉得，既然已经亏了这么多，索性"装死"，长线持有好了。主力正是利用了这个心理和封板后成交量极低的特性让经历了暴跌之后的跟风盘稳定下来。

主力的目的是借助跌停板出货能够减少出货途中跟风盘的卖出，但是仅仅如此还是远远不够的，最重要的还是要达到吸引散户来接盘的目的。根据上文的分析，吸引跟风盘显然不可能，但是借助跌停板出货会吸引另外三类投资者。

（1）性价比投资者

消费者看到商品打折了会去抢购，有一种买到就是赚到的感觉，性价比高，投资者也出于同样的心态，他们比较青睐股价大幅下跌的股票。殊不知有些打折的商品，打折前的价格只是拿来给消费者作比较的，商家根本就没希望能在那个价位卖出去，好比拉升时的股价高点只是主力用来给散户看的，主力根本没打算在那个价位出货。

（2）补仓的投资者

当股价大幅下跌后前期被套在高点的套牢盘往往会有补仓行为，以此来降低自己的持仓成本。在此给这类投资者一个忠告，不要让沉没成本影响自己的判断，加仓之前假设一下如果你没有在该股亏损你愿不愿意买入该股，如果不愿意，千万不要加仓。每一笔投资都是新的投资，纯粹为了摊低成本而补仓毫无意义，大可为你更看好的另一只股票建仓，用盈利来抵消亏损。

（3）误判技术形态的投资者

Tips：有些技术派的投资者会把主力借助跌停板出货误判为主力在利用跌停板洗盘和股价暴跌主力被套牢了这两种情况。

首先，如果是洗盘的话，股价一定会在开板后持续缩量到地量或者接近地量；其次，如果是主力被套牢的话，主力肯定会出于自救拉抬股价，这种技术派就是根据这一点买进的。但是主力在操盘之前都有一套详细的计划，能够让主力被套牢的一般只有系统性风险和突发性利空，因此结合消息面我们也很好分辨。

来看看石化油服（600871）的例子，如图7-19所示的石化油服2015年5月至2015年8月期间日K线图。如图7-19所示，石化油服在出货阶段一共经历了五个跌停板，我们依次来分析。

先看1、2两个跌停板，这是两条倒T线，K线的特点是柱体上下沿代表开盘价和收盘价，两者中较高的在上方，较低的在下方。

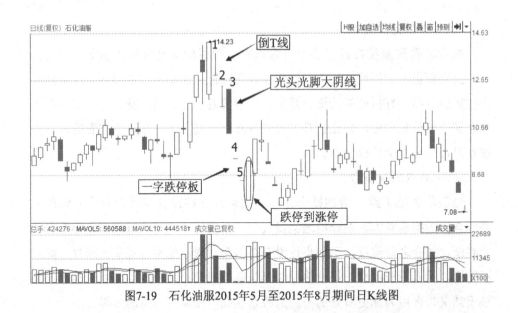

图7-19　石化油服2015年5月至2015年8月期间日K线图

Tips：影线的顶点代表当日股价的最高和最低价位，上影线的顶点代表当日的最高价，下影线的顶点代表当日股价的最低价。

跌停时的倒T线说明该交易日该股开盘价和收盘价都是跌停价，但中途跌停曾被打开。这是主力在盘中通过对倒把跌停板打开，给散户制造一种趋势改变的假象，等到散户买入后主力再出货，重新把股价打到跌停。

再来看3这条光头光脚大阴线，"光头光脚"是指该阴线没有上下影线，说明该交易日该股开盘价就是最高价，收盘价就是最低价。同时3的柱体上沿比2的"T"的那一横高很多，说明第三天的开盘价比第二天的收盘价高很多，即跳空高开。

主力把股价拉得大幅跳空高开有两个目的，一是试探在经历两次跌停后卖出的散户有多少，二是增加当日的出货空间。主力试探到卖盘很大，不适合诱多，因此便顺着散户的卖盘一起把股价打压到跌停板，同时在打压过程中也出了不少货。

最后来看看4、5这两个一字跌停板，经历了前三个跌停板后，现在散户极度看空，卖盘非常巨大。主力顺势来两个一字跌停板，不让这些卖盘逃出去。

然后根据之前说的散户在小幅下跌时会恐慌卖出，但是在大幅下跌后反而会选择"装死"，当经历两个跌停板之后，卖盘开始减少。此时主力来一个极其强势的拉升，直接把股价从跌停板拉升到涨停板，结束连续跌停，随后开始震荡出货。

7.5　如何判断一只股票是否有主力操盘

本章内容一直在说主力操盘时的量价关系，也多次提到要把主力动向和多空博弈区分开来考虑，那么怎么区分呢？在这一小节中给大家说说怎么判断一只股是否有主力。根据经验，我给有主力操盘的个股总结了以下九个特点。

（1）吸筹、出货时逆大盘，洗盘、拉升时顺大盘

主力在吸筹时希望看到大量散户卖出，在出货时希望看到大量散户买进，因此主力最喜欢在大盘下跌时吸筹，在大盘上涨时出货。由于主力吸筹对股价有拉升作用，主力出货对股价有打压作用，因此吸筹和出货阶段，主力操盘的个股走势往往逆着大盘来。而洗盘的目的是造成散户恐慌，拉升时最重要的是给散户信心，洗盘时主力会借着大盘下跌顺势打压，拉升时主力会借着大盘顺势拉升，因此洗盘和拉升阶段，主力操盘的个股走势往往是顺着大盘来的。

（2）吸筹、出货逆利好利空，洗盘、拉升顺利好利空

与第一点同理，主力吸筹时要选在卖盘多的时候，所以要借助利空；主力出货时要选在买盘多的时候，所以要借助利好。因此吸筹和出货阶段，主力操盘的个股往往在利空时上涨，在利好时下跌。而洗盘时结合利空更能造成散户恐慌，拉升时结合利好能吸引更多的跟风盘，因此洗盘和拉升阶段，主力操盘的个股往往是顺着利好利空来的。

（3）吸筹和洗盘时股东人数变少

上市公司的流通股是一定的，而散户持有股数一般较少，如果上市公司的股东以散户居多，那么该上市公司的股东人数肯定较大。主力在吸筹和洗盘时会集中筹码，持股散户会越来越少，因此上市公司的股东人数会渐渐变少。

（4）关键点位突破

主力操盘一只股对资金也是有规划的，不可能时时刻刻都在拉升，因此"好钢必须用在刀刃上"。一般在拉升前期主力是主力军，而趋势稳定之后，主力只起到一个助推的作用，真正拉升股价的是那些闻风而来的跟风盘。

主力会联合上市公司发布一些利好公告，联系一些网络大V让他们给粉丝推荐自己操盘的股票……以此来吸引跟风盘，但是跟风盘的特点是随风而动，因此跟风盘是不会主动突破一些关键点位的。如股价上涨至前期高点、整数关口、箱体震荡时的箱体上沿等点位，往往会滞涨，这时候就需要主力发力了，也就是"需要用上好钢的刀刃"。

（5）高度控盘后成交量较低

主力不动时，成交量的大小是由浮筹之间的买卖决定的。而主力高度控盘之后，大部分筹码被锁定，浮动筹码变得很少，散户之间的多空博弈所产生的成交量就会较小。

（6）流通盘较小

主力要操盘必须要高度控盘，吸收筹码必须达到操盘股票流通盘的一定比例，而主力的资金是有限的，用有限的资金达到高度控盘，显然要选择流通盘较小的股票。同时在我国证券市场有一个特点，往往绩优白马股大多数盘子很大，而垃圾股流通盘很小，主力选择那些流通盘小的垃圾股操盘，这也是很多人感叹价值投资在中国不适用的原因。

（7）筹码较分散

筹码过于集中的话会给主力操盘带来很多困扰。首先，主力吸筹必须有其他持仓者交出筹码，而持有大量筹码的往往是机构投资者，他们不会像散户那样容易被主力骗走筹码；其次，主力在拉升股价时最害怕遭遇集中的抛压，而筹码过于集中恰恰会导致这一问题。

> Tips：每个散户各自为政，因此很难出现集中抛售的情况；而大量持仓者如果抛售不仅本身抛售的量巨大，还会引发更大量的集中抛售，造成恐慌。

（8）有故事可讲，有概念可炒

很多人去做很多事是需要理由的，哪怕这个理由并不合理，但他们还是需要一个理由，就算只是用来自己骗自己。为什么散户会买进股价已经涨得很高且业绩很差的垃圾股，这是很多人疑惑的一个问题。其实也是人性使然，看见股价上涨自然想追涨，但很多时候人们经过理智分析可以克制住人性的弱点。

主力抛出故事和概念的目的是给散户一个欺骗理性顺应人性的理由，因此主力操盘的时候喜欢讲故事，喜欢谈概念，主力也喜欢选有故事可讲，有概念可炒的股票操盘。

（9）国资背景不强

在股市中，主力也不是站在食物链顶端的。如果哪个机构动了政府的奶酪，那么它可能就要倒霉了。比如2016年和2017年闹得满城风雨的万科股权之争，华润、宝能、恒大多方会战，可最终万科还不是归属于国资委控股的深铁集团。作为主力应该知晓谁的利益不能动，因此主力在操盘时会避开有较强国资背景的股票。

第8章

涨跌停时特殊的量价关系

由于中国证券市场较发达国家证券市场起步晚，因此当炒股运动在中国如火如荼的时候，发达国家已经出现了很多较为成熟的投资理论。在那个时期，这些理论便顺理成章地成为对证券市场知之甚少的早期股民的学习资料，并且被代代传递下来。也就是说，如今我们用的投资理论其实大多源自外国的投资理论，这就会出现一些问题。

因为中国的证券市场和外国的证券市场有很多不同之处，注定了一些外国的投资理论运用在A股上会"水土不服"，最典型的莫过于我国的涨跌停板制度对量价关系的影响，投资者如果运用量价关系时忽略涨跌停板，结果往往不如人意，在本章中给大家详细说明涨跌停时特殊的量价关系。

8.1　涨跌停板制度对量价关系的影响

涨跌停板是在每个交易日给上涨加上一个"天花板"，给下跌加上一个"地板"，给每个交易日的股价涨跌加上一个限制，这个限制对于非ST股是10%，对于ST股是5%。这个限制对量价关系的影响有多大，对此总结了以下四点。

（1）限制成交量的放出

我们经常发现，一只股票在涨停或者跌停后成交量就开始急剧下跌甚至趋于零。这是因为涨跌停板有着稳定人心的作用，空头见了涨停便停止卖出，多头见了跌停便停止买入，这样成交量自然无法继续放出。

（2）不符合基础量价关系

涨跌停板会限制成交量，从而影响量价技术形态的判定，比如本该放量上涨的情况由于涨停板对成交量的限制变成了缩量涨停，如果直接把缩量涨停看作缩量上涨，套用基础量价关系，必然会出错。

（3）特殊的操盘手法

由于涨停能使空头偃旗息鼓，使多头热情高涨；跌停能使多头偃旗息鼓，空头热情高涨。因此主力可以利用涨跌停板实现一些特殊的操盘手法，这些手法在无涨跌停的证券市场是见不到的。

（4）显而易见的成交量主导方

在量价关系中最难判断的是：某一时段多空双方的哪一方才是成交量的主导方，也就是说很难判断某一时段成交量的放大和缩小主要受哪一方的影响。但是在封板时，主导方是显而易见的。

封涨停板时，主导方就是空方；封跌停板时，主导方就是多方。举个例子来说明，假设封涨停板的时候买单有10000手，卖单为0手，这时候成交量为0手。此时，如果空方有动作，卖单由0手变为1手，这时候成交量就会变为1手，如果卖单变为2手，成交量也会变为2手；而如果多方有动作，买单由10000手变为11000手，卖单依然为0手，成交量会有什么变化？毫无变化，成交量依然为0手。

8.2　放量涨停

放量涨停的分析方法其实和普通放量上涨没多大区别。这是因为涨停板其实限制了股价和成交量的进一步放大（限制股价很好理解，限制成交量是因为封住涨停后卖单大大减少），所以如果没有涨停板的话该股当日的走势就是放量上涨。放量涨停和放量上涨的分析方法是一样的，详细内容参看1.2节，在此就不赘述了。在本节中主要想强调一个易错点，涨停板对成交量的限制会导致我们进行量价分析时出错。

来看看金马股份（000980）的例子，如图8-1所示的金马股份2011年9月至2012年1月期间日K线图。

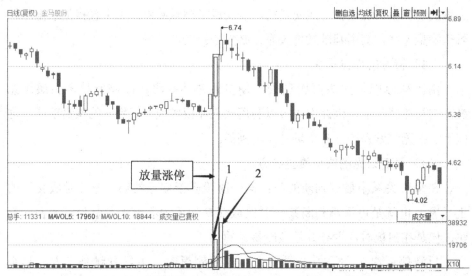

图8-1　金马股份2011年9月至2012年1月期间日K线图

上涨初期放量是良好的上涨形态，然而图8-1中金马股份放量上涨之后不仅没有继续涨势反而掉头下跌，这是为何？原因在于：如果没有涨停板制度的话，由1到2其实是缩量，而不是放量。如图8-2所示的金马股份2011年11月15日分时图。

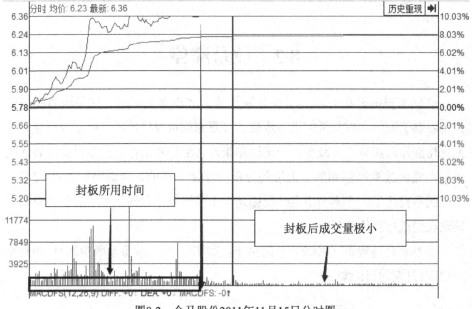

图8-2　金马股份2011年11月15日分时图

通过图8-2我们可以发现，金马股份在涨停单日早盘还未结束便牢牢封住了涨停板，涨停对股民而言是一颗定心丸，大部分股民不会在涨停后卖出，因此封住涨停板后成交量极小。试想，如果没有涨停板的话，该股午盘的成交量也能达到早盘成交量的水平，甚至进一步放量，因此由1到2成交量其实是在缩小而不是放大。

"涨停板对成交量有限制作用"，这就是涨势中混入涨停板时常使量价关系失效的原因。要解决这个问题需要把涨停当日的成交量转换成没有涨停板情况下的成交量，这里教大家一种粗略转换法：

$$假设无涨停板，成交量 \approx 实际成交量 \times \frac{总交易时间4小时}{封板所用时间}$$

Tips：这里所说的封板，涨停板价位徘徊不能算，是只有"五挡"中卖1数量为0，买1数量巨大才能算封板。

8.3　放量跌停

与放量涨停一样，放量跌停也可以通过转换为无跌停板模式后直接运用放量下跌的理论进行分析。转换方式也是运用粗略转换法：

$$假设无跌停板，成交量 \approx 实际成交量 \times \frac{总交易时间4小时}{封板所用时间}$$

来看看暴风集团（300431）的例子，如图8-3所示的暴风集团2015年8月至2015年9月期间日K线图。

我们多次提到，放量下跌才是乐观的下跌形态，放量下跌之后往往止跌，然而图8-3中暴风集团却是在放量下跌之后继续大跌，为何如此？其中缘由就在于跌势中混入了跌停板，1和2皆是跌停，跌停板影响了成交量。如图8-4暴风集团8月24日分时图与图8-5暴风集团8月25日分时图。

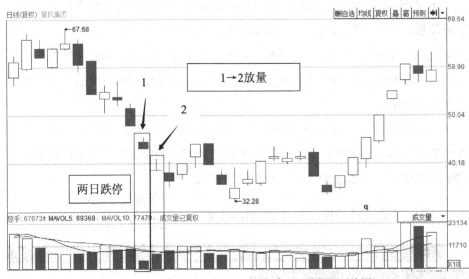

图8-3　暴风集团2015年8月至2015年9月期间日K线图

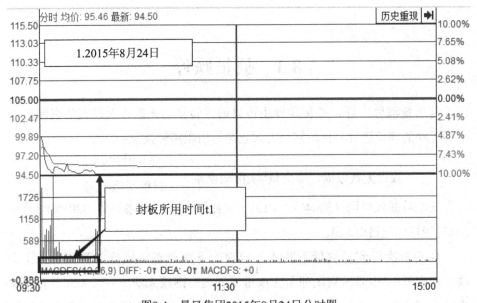

图8-4　暴风集团2015年8月24日分时图

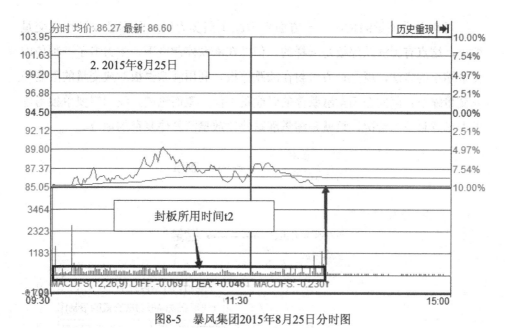

图8-5　暴风集团2015年8月25日分时图

观察图8-4和图8-5可以发现：封板所用时间t1<封板所用时间t2。

通过"粗略转换法"可得：1的假设无跌停板成交量>2的假设无跌停板成交量。

也就是说，如果没有跌停板制度的话，由1到2其实是缩量而不是放量，这就能很好解释本案例的情况了。

8.4　缩量比放量复杂

一般情况下，放量比缩量复杂，因为主力可以通过对倒使成交量放大；但是涉及涨跌停时缩量比放量复杂，因为主力可以通过封板来限制成交量放出。

参看图8-6主力行为对成交量的影响示意图，单从主力操盘角度来说，主力只要大量买入、卖出或者左手倒右手就能导致成交量放大，有没有涨跌停板都是一样的，因此放量涨跌停只要通过"粗略转换法"模拟出无涨跌停板的情况就能完美解决。

再来看看缩量的情况，一方面主力减小买卖力度、偃旗息鼓导致成交量缩小，这点有无涨跌停板是一样的。但是在涨跌停制度下，主力多了一种使成交量缩小的方法，就是把股价封在涨跌停板，利用涨跌停板对成交量的限制使成交量缩小。因此在缩量涨跌停的时候是不能一概而论的，我们需要单独考虑主力刻意封板的情况，这就是缩量涨跌停比放量涨跌停复杂的地方。

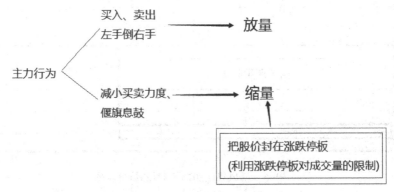

图8-6　主力行为对成交量的影响示意图

Tips：至于主力为何能运用缩量涨跌停来实现一些特殊操盘技巧，用战争来打个比方。无涨跌停板的多空交锋是双方大混战，而涨跌停制度下的多空交锋是回合制的战争。

由于是回合制，因此决策者在每回合分配的兵力上就能做多种安排，也产生很多独特的战术。比如甲乙两国交战，甲国战斗力远比不上乙国，第一回合乙国按照惯例只派出了先锋部队，甲国却派出了所有部队把乙国的先锋部队打得落花流水，乙国以为甲国的先锋部队竟如此强大吓得立马开城投降，结果实力弱的甲国反而取得了战争的胜利，这就是回合制下的特殊战法。

然后回到股市上来，某只股票的空头力量远比多头力量强大，而主力想要做多，主力如果像往常一样缓慢建仓一定战胜不了空头，结果主力把大量资金一次性投入，把股价封在了涨停板，空头一看主力这么强势吓傻了，纷纷偃旗息鼓，股价顺利上涨，这就是涨跌停制度下的特殊操盘手法。

操盘手法和战争艺术有很多相似之处，战争的目的是征服，消灭敌军只是一种手段，如果能利用心理战使对手崩溃岂不更妙。所以《孙子兵法》中有句话叫作："不战而屈人之兵，善之善者也。"古语又曰："攻城为下，攻心为上。"股市里有很多主力"攻心"的例子，最典型的便是下一节要说的缩量涨跌停板。

8.5　缩量涨停

8.5.1　模拟出无涨停制度的情况

日K线图中混入缩量涨停也可能导致量价关系失效，在大多数情况下，我们也可以通过"粗略转换法"模拟出无涨停板的情况，再用普通缩量下跌的理论进行判断。来看看煌上煌（002695）的例子，如图8-7所示的煌上煌2016年9月至2016年11月期间日K线图。

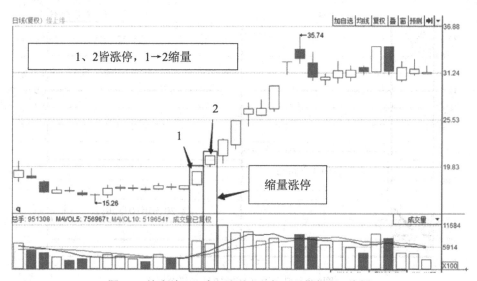

图8-7　煌上煌2016年9月至2016年11月期间日K线图

在基础量价关系中说过，上涨初期缩量的话涨势很难继续，但是这个例子中1到2缩量，涨势却越来越强劲，究其原因在于1和2都是涨停板，这样看2是缩量的，如果将两者都通过"粗略转换法"模拟成无涨停板的情况呢？如

图8-8所示的煌上煌2016年10月19日分时图与图8-9煌上煌2016年10月20日分时图。

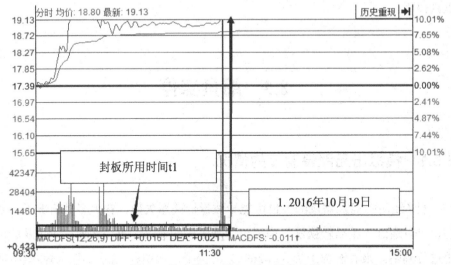

图8-8 煌上煌2016年10月19日分时图

图8-9 煌上煌2016年10月20日分时图

观察图8-8和图8-9可以发现：封板所用时间t1>封板所用时间t2。

通过"粗略转换法"计算可得：1的假设无跌停板成交量<2的假设无跌停板成交量。

也就是说，如果没有涨停板的话，1到2其实是放量，也就是上涨初期放量，因此后期的上涨很合情合理。

8.5.2　缩量涨停谋求出货

主力刻意制造缩量涨停谋求出货在技术形态上有三个特点。

（1）缩量涨停。

（2）下一个交易日放量。

（3）缩量涨停后的K线实体的上影线很长。

我们来看看长航凤凰（000520）的例子，如图8-10所示的长航凤凰2016年2月至2016年5月期间日K线图。

图8-10　长航凤凰2016年2月至2016年5月期间日K线图

我们可以发现，图8-10中长航凤凰两次出货都满足了这三点，那么为什么是这三点。

第一点缩量涨停，缩量代表主力投入用来拉升的资金少，既然是要出货，主力肯定不愿意吸收更多的筹码。

第二点下一个交易日放量，主力出货意味着真金白银的卖出，卖出意味着成交，只有成交量够大才能说明主力在出货。

第三点K线实体呈现长上影线，长上影线意味着开盘价和收盘价比当天最高价低很多，说明了该股当日走势是先涨后跌，先涨是因为主力借助涨停板余威用少量筹码把股价进一步往上拉，后跌是因为主力出货。

我们还可以发现，长航凤凰这两次上涨的涨幅都不大，这是因为当时市场环境正处于弱市，主力刻意制造缩量涨停谋求出货最常见的时候也正是弱市的时候，缩量涨停是为了给多头信息，让空头灰心，只有这样才能营造良好的出货环境。然而，牛市的时候这样的环境天然存在，根本不用人为营造。

8.6　缩量跌停

8.6.1　模拟出无跌停制度的情况

当跌势中混入缩量跌停时，用缩量下跌的知识来分析往往会出错，这时候又需要模拟出无跌停板的情况，再运用量价关系进行分析了。来看看超华科技（002288）的案例，如图8-11所示的超华科技2015年5月至2015年9月期间日K线图。

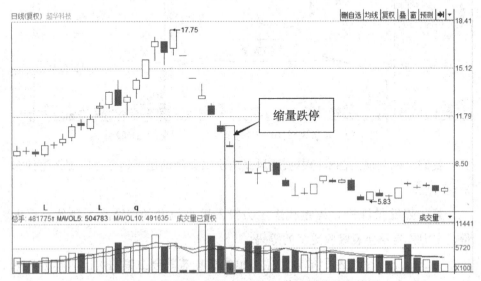

图8-11　超华科技2015年5月至2015年9月期间日K线图

在基础量价关系中提到缩量下跌代表空头能量步步被释放，缩量下跌后跌势会慢慢减弱，缩量到一定程度后趋势就会改变。然而图8-11中的缩量跌停后跌势却进一步加剧，次日甚至来了个一字跌停板，这是为什么呢？原因还是极少股民会在封跌停板后买入，跌停板使成交量无法进一步放大，来看看图8-12超华科技2015年8月24日分时图。

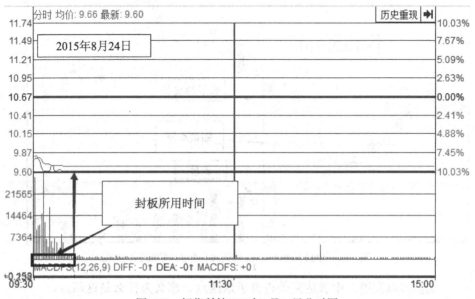

图8-12　超华科技2015年8月24日分时图

观察图8-12，该交易日超华科技早早封住了跌停板，封板后成交量变得极小，这时候我们运用"粗略转换法"模拟出无跌停板情况的成交量，可以发现这个成交量其实比前一个交易日要大不少。因此如果没有跌停板制度的话，超华科技的走势其实是放量下跌。这样一来该交易日缩量跌停之后跌势为什么会加剧就很容易理解了。

8.6.2　缩量跌停谋求吸筹

主力刻意制造缩量跌停谋求吸筹在技术形态上有四个特点。

（1）处于上涨途中或牛市。

（2）缩量跌停。

（3）下一个交易日放量。

（4）缩量跌停后的K线实体下影线很长。

我们来看看中毅达（600610）的例子，如图8-13所示的中毅达2015年12月至2016年3月期间日K线图。

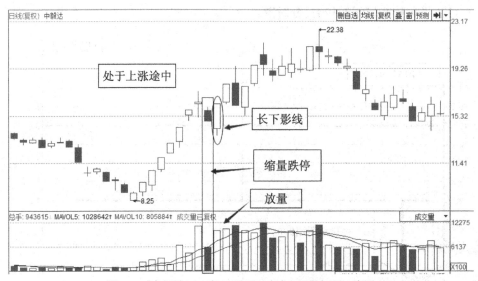

图8-13　中毅达2015年12月至2016年3月期间日K线图

我们可以发现，中毅达完美符合了这四点，那么为什么是这四点。

第一点处于上涨途中，主力制造缩量跌停板，是为了给空头信心让多头灰心，营造良好的吸筹环境。这恰恰说明原本的环境不适合吸筹，即多头的力量强于空头，这是只有牛市或者上涨途中才会出现的情况。

第二点缩量跌停，缩量代表主力投入用来打压股价的资金少，主力的目的是吸筹，自然不会为了打压股价大量抛售手中筹码。

第三点下一个交易日放量，主力的目的就是吸筹，吸筹意味着真金白银的买入，买入意味着成交，因此成交量会放大。

第四点K线实体呈现长下影线，长下影线意味着开盘价和收盘价比当天最低价高很多，说明了该股当日走势是先跌后涨，先跌是因为主力借助跌停板余威用少量筹码把股价进一步往下打，后涨是因为主力吸筹。

8.7 连续一字涨停板

在涨停板和跌停板中最常见的其实是一字板。一些公布了重大利好的股票，直接以涨停价开盘，之后股价被封死在涨停价，直至收盘，该股当日的开盘价、收盘价、最高价、最低价皆是同一天的涨停价，没有上影线、下影线，K线实体只是一横，因此得名"一字板"。

Tips：连续一字涨停板的股票往往伴随着重大利好，因此在涨势初期，所有股民都一致看涨。

在这种极端情况下，卖单远小于买单，也就是说，多方的买单能不能成交其实取决于空方挂不挂卖单，空方卖得多成交量就大，空方卖得少成交量就小。因此，连续一字板过程中成交量的变化其实就是空方实力的变化。随着股价上涨，看空的人会越来越多，成交量会缓慢放出，但是此时的卖单依然远小于买单，不足以打开涨停板。通过观察我们可以发现，真正打开涨停板的是持续缓慢放量之后突如其来的巨量，涨停板会在某个成交量剧增的交易日被打开。

这一个交易日的情况和前几个交易日的情况很不一样，前几个交易日是部分看多的散户开始看空所导致的，而放出巨量则是机构大量卖出导致的。

Tips：在这里说的是机构而不是主力，一些人认为这种巨量是主力左手倒右手的把戏，这种想法是站不住脚的。

如前文所言，很多股票是不存在主力的，但是这种连续一字涨停板放巨量开板是一种普遍现象，因此在这里说机构而不说主力。在持续放量之后猛然放出巨量，这是由机构的资金体量导致的。机构不像散户一样"船小好调头"，如果机构在多数散户已经抛售之后才开始抛售，很可能造成股价大幅下跌、出货出不完等问题，机构要抢在散户大量抛售之前买盘旺盛的时候出货，但抛售太早又损失了本该得到的盈利，因此机构会通过观察成交量和买盘情况选择一个合适的抛售时机。这就是缓慢放量后猛然放出巨量的原因。

来看看世纪游轮（002558）的例子，如图8-14所示的世纪游轮2016年6月至2016年11月期间日K线图。

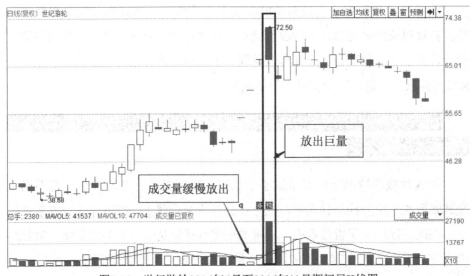

图8-14　世纪游轮2016年6月至2016年11月期间日K线图

世纪游轮因重大资产重组事项于2016年7月13日停牌，由于重大资产重组取得重大进展，同年11月1日世纪游轮以涨停价复牌。我们可以发现，连续三个涨停板该股缓慢放量，这是涨势越来越弱的信号，甚至到第三个涨停板的时候，K线已经不是"一字"而是"T字"，说明中途涨停板曾经被打开过，更可见多空交锋越来越激烈。第四个交易日则猛然爆出巨量，日换手率高达42.22%，涨势随之终结。

Tips：可以这么说，绝大多数的连续一字涨停板的结果都是"成交量缓慢放出→放出巨量→涨势结束或减弱"这样一个过程（究竟是结束还是减弱得看买盘的强度）。

从实战角度来说，如果你持有的某只连续一字涨停的股票成交量保持平稳甚至略微下跌，说明该股的涨势依然非常强劲，你最好选择继续持有，等到缓慢放量后再抛售。

8.8　连续一字涨停板后空中加油

"空中加油"指的是股票在上涨过一段时间后经历横盘，然后继续上涨的过程，这一过程就类似火箭升空过程中，动力不足而减速，当燃料得到补充再次加速。

"空中加油"非常常见，但是经历过连续一字板之后的股票发生空中加油的概率非常小，这是因为开盘时放出的巨量就是机构出货造成的。机构既然已经决定出货，又怎么会继续投入资金，既然机构不会继续投入资金，那么该股还如何"加油"。所以连续一字板后"空中加油"概率极小，但是少并不意味着没有，据我所知，只有两种情况股票能在连续一字板后"空中加油"。

（1）该股是次新股。

（2）该股发生了主力交接，原先主力出局，新主力进场。

8.8.1　次新股

次新股，即上市不久的股票，为什么说次新股在经历连续一字涨停板后空中加油的可能性较一般股票大得多呢？一方面，次新股盘子轻，不像大盘股一样几个亿的资金砸下去只能打个水漂；另一方面，次新股几乎没有套牢盘，上涨途中不会遭遇集中的抛压，因此拉升起来比较容易。

由于A股"新股无敌"的神话，新股上市后往往暴涨，动辄连续几个，十几个甚至几十个一字涨停板，但是我们知道打板的成功率很低，因此我们想要在次新股上获利，更切合实际的方法是关注一字板被打开后的走势。那么究竟什么样的情况下次新股在连续一字涨停板后会经历空中加油使股价更上一层楼呢？我认为有两个要点：

（1）开板后股价保持平稳，波动幅度小。

（2）开板后成交量持续放量。

先来看看两点都不满足的反例，如图8-15所示桃李面包2015年12月至2016

年3月期间日K线图，两点都不满足的桃李面包在连续一字板结束后立刻转跌。

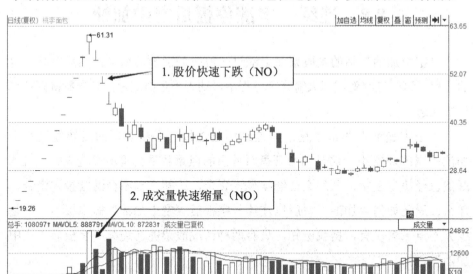

图8-15　桃李面包2015年12月至2016年3月期间日K线图

　　再来看看满足第一点、不满足第二点的例子，如图8-16所示的川金诺2016年3月至2016年6月期间日K线图，满足第一点、不满足第二点的川金诺在横盘之后股价上涨，但涨幅不大。

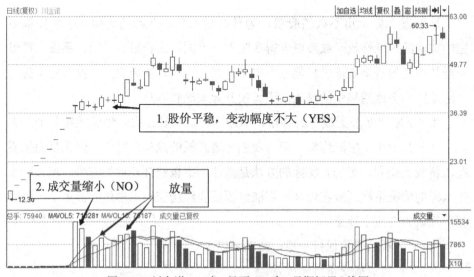

图8-16　川金诺2016年3月至2016年6月期间日K线图

由于不存在只满足第二点、不满足第一点的情况，因此我们直接看两点都满足的情况，如图8-17所示的振华股份2016年9月至2016年12月期间日K线图，两点都满足的振华股份在连续一字涨停板后出现了"空中加油"形态。

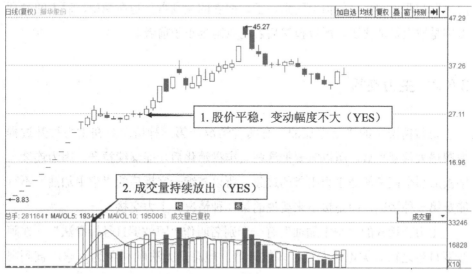

图8-17　振华股份2016年9月至2016年12月期间日K线图

通过对比三种情况我们可以发现，只有两个要点都满足才是最佳的连续一字涨停板后的空中加油形态，为何如此？首先来看看第一点，股价保持平稳说明多空双方实力相当；再来看第二点成交量持续放出，说明多空交锋激烈。两点结合起来买盘和卖盘同样旺盛，这种情况下卖盘旺盛理所当然，而买盘旺盛说明了什么？说明了有新的资金正在大量注入，极有可能是主力在大量建仓，正因如此才会"空中加油"，才会后市可期。

我们还发现，有时候只满足第一点、不满足第二点，股价也会上涨，如图8-16所示。只满足第一点只能说明当时的多空实力相当，但是成交量没有持续放大说明没有大量资金流入，只是暂时卖盘不算太多。注意我说的是"暂时"，为什么是暂时？因为人的本性贪婪，许多盈利盘选择了观望，没有卖出。

Tips：这些盈利盘抱着赌博心态观望，股价不跌他们就会继续持有；而如果股价下跌，这些盈利盘就会迅速转化成卖盘，打压得股价节节下跌。

那么对于这种情况我们该如何操作呢？如果在横盘过程中出现多次放量上涨的情况（如图8-16所示），可以考虑介入，其他情况就免谈了。

在实战过程中我更建议大家选择两点都满足的形态，因为只满足第一点的情况和两点都满足的情况区别在于，前者的盈利盘只是在观望，后者的盈利盘则是被大量消化了，所以投资后者的风险远小于前者。

8.8.2　主力交接

正常情况下的"空中加油"有两种情况，第一种情况是在主力拉升过程中遭遇大量套牢盘，所以需要把这些套牢盘消化后才能继续拉升。因为连续一字板后那个巨量就是主力出货的迹象，所以连续一字板后的"空中加油"不可能是第一种情况，而是接下来要说的第二种情况：主力交接。

主力交接式的"空中加油"有一个别名叫作"阿波罗11号操盘法"。在阿波罗11号之前人类也研发过很多航天器，但总是无法顺利到达月球，直到阿波罗11号采用了三段式推进结构，阿波罗11号拥有三个推进舱，第一个推进舱燃料用尽后便脱离主体，第二个推进舱开始点火，第二个推进舱燃料用尽后第三个推进舱开始点火，就这样把阿波罗11号带到了更高的高度。主力交接后把股价带到新的高度，与阿波罗11号推进器的相继发力十分相似，因此得名。

> Tips：　"阿波罗11号操盘法"的优点是后来的主力能够非常快速地吸筹洗盘，缺点是股价已经上涨，拉升和出货的难度加大，因此主力交接只会出现在行情较好的时候，尤其是连续一字涨停板后的主力交接。

对于这种形态可以总结三点。

（1）震荡式横盘。

（2）间隔放量。

（3）较强的大盘走势。

来看看天海投资（600751）的例子，如图8-18所示的天海投资2009年3月至2009年7月期间日K线图与图8-19同期上证指数日K线图。

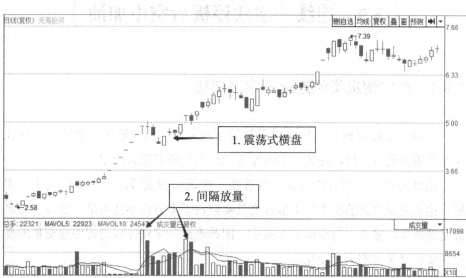

图8-18 天海投资2009年3月至2009年7月期间日K线图

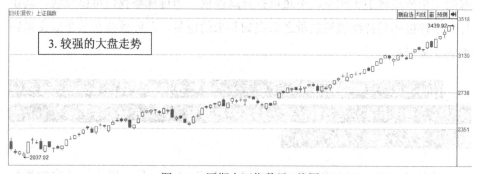

图8-19 同期上证指数日K线图

我们可以发现天海投资的空中加油正好满足了这三点。首先，这三点是为了确保继续拉升后依然有买盘跟进，能够成功出货。横盘、放量说明了主力在吸筹，震荡、间隔放量说明了主力在洗盘。这和次新股的两点有相同之处也有不同之处，相同的是因为两者皆有主力吸筹的过程；不同的是因为次新股没有套牢盘，浮筹多少不影响拉升，因此主力不需要通过洗盘来达到高度控盘的目的。

8.9　连续一字跌停板后空中加油

8.9.1　少数情况类似连续一字涨停板

连续一字跌停板是一种非常强劲的下跌形态，如同连续一字涨停板往往伴随着重大利好一样，连续一字跌停板往往也伴随着重大利空。

在跌势初期，所有股民都一致看跌。在这种极端情况下，买单远小于卖单，也就是说空方的卖单能不能成交其实取决于多方挂不挂买单，多方买得多成交量就大，多方买得少成交量就小，因此连续一字跌停板过程中成交量的变化其实就是多方实力的变化。

随着股价下跌，看多的人会越来越多，因此成交量会缓慢放出，但是此时的买单依然远小于卖单，不足以打开跌停板。通过观察我们可以发现，真正打开跌停板的是持续缓慢放量之后突如其来的巨量，跌停板会在某个成交量剧增的交易日被打开。

> Tips：在持续缓慢地放量过程中空方的力量在慢慢减弱，多方的力量在慢慢增强，当这种多空实力的改变达到某一程度时，机构开始出手抄底了，打算一举消灭上方卖盘，改变形势。

正是这种多空的激烈交锋导致该股在当天放出巨量，现实往往也如机构所想，跌停板真的被打开了。来看看上峰水泥（000672）的例子，如图8-20所示的上峰水泥2015年4月至2015年12月日K线图。

上峰水泥于2015年6月3日开始停牌，于同年10月9日复牌。上峰水泥停牌的时间刚好是股灾爆发前夕，在其停牌期间大盘一路下跌，上证指数由5000多点跌至3200点附近，因此上峰水泥复牌后便开始了"补跌"。我们可以发现，在前三个一字跌停板的时候成交量缓慢放出，说明买盘在慢慢增多，之后机构发力，在第四个交易日的时候猛然放出巨量，跌势停止。从这个角度来看连续一字跌停板和连续一字涨停板真的非常相似，都有着"成交量缓慢放出→放出巨量→趋势结束或减弱"的过程。

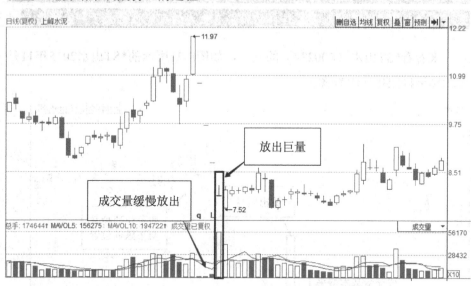

图8-20　上峰水泥2015年4月至2015年12月期间日K线图

8.9.2　多数情况远比连续一字涨停板复杂

但是，连续一字跌停板真的如此简单吗？如果连续跌停板真的如此好把握为什么还会有那么多抄底失败的人呢？事实上，连续一字跌停板远比连续一字涨停板要复杂，因为出现一字跌停板的时候比一字涨停板的时候多了一个需要考虑的因素——主力。股价持续上涨，这是主力所乐见的，所以在连续一字涨停板时，主力自然不会有什么动作，只要和机构一样在合适的时间出货就行了；然而股价如果持续下跌，主力就不能坐视不管了，出于自身利益主力会想方设法尽早打开跌停板。

细心的读者会发现，有些时候连续一字跌停板的成交量没有缓慢放出跌停板就被打开了，并且跌停板被打开后股价还会进一步下跌。这是主力想尽快止跌而强行撬开跌停板而导致的，也正是因为跌停板是被强行撬开的，所以卖盘强度依然很大，股价进一步下跌的可能性依然很大。

Tips：我们还可以发现，这样的情况不在少数，因为我说了连续一字跌停板往往伴随着重大利空，什么样的股票容易发生重大利空呢？自然是市值小、业绩差、内幕交易多的股票，这样的股票有主力的可能性远大于一般股票。

来看看*ST山水（600234）的例子，如图8-21所示的*ST山水2015年11月至2016年4月期间日K线图。

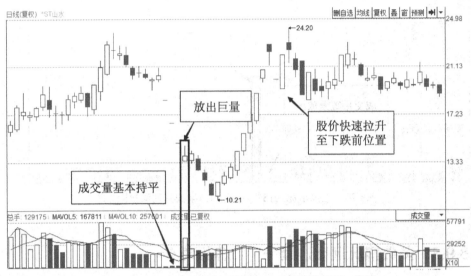

图8-21　*ST山水2015年11月至2016年4月期间日K线图

*ST山水（注：此时*ST山水还没被ST，因此涨跌停限制幅度仍是10%）于2016年1月1日开始停牌，于2016年1月19日复牌，在其停牌期间正好发生了"熔断股灾"，因此*ST山水复牌后便开始补跌。三个连续一字跌停板过程中成交量基本持平，第四个交易日猛然放出巨量，这不是市场的自发行为，而是主力干预的结果。跌停板被强行撬开后，卖盘的强度依然非常大，这就是放出巨量后跌势依然继续的原因。

连续一字跌停板被主力强行开板的情况中既蕴含了风险又蕴含了机会。

一方面，跌停板是被主力强行撬开的，所以空方力量实际上依然没有被消耗殆尽，空方只是因为见到多方力量激增而退却，若是多方力量后继不足，空方必定会卷土重来。

另一方面，主力会强行撬板也正说明了主力不希望股价进一步下跌，说明股价已经跌到了主力不愿意看到的价位。主力强行撬开跌停板意味着同时主力自身消化了大量卖单，其实就等同于主力在该价位加仓，也就是说主力新进的筹码成本价就是当前价位，主力为了获利必定会择机拉升股价。

如图8-21所示，跌停板被撬开后*ST山水继续下跌了一段时间，这是由于强行撬板而未使卖盘被完全消化导致的，这便是前文所说的风险；但是等到空方力量得到释放后，主力便开始快速拉升股价，这便是前文所说的重大投资机会。

第9章

日K线图中的买入信号

股民们所谈论的量价形态大多针对日K线图中的量价形态，因为日K线图不仅能在短周期内判断多空博弈的趋势，这点依靠周K图和月K线图做不到，而且也能在长周期内捕捉主力动向。在日K线图中，结合K线走势和成交量的变化，股民能够很好地把握短期多空博弈的结果和长期主力操盘进入哪一阶段，也就掌握了买卖的信号。本章主要讲解日K线图中的量价买入信号，下一章则讲解日K线图中的卖出信号。

9.1　光头光脚阳线

我一直强调量价分析要把多空博弈和主力动向区分开来，两个角度是不能一概而论的，有些形态特点从多空博弈角度来看是极其强势的上涨信号，但从主力动向角度来看却是主力诱多出货的信号。这也是很多投资者不信任技术分析，认为技术形态只是巧合的原因，事实上是他们没有学会分情况讨论。因此在第9、10两章内容的开头都会分别说明是哪个角度的买入和卖出信号。

光头光脚阳线出现在上涨过程中是多空博弈角度的买入信号，出现在下跌过程中是主力动向角度的买入信号。

某交易日K线为光头光脚阳线，表示该交易日开盘价即为当日的最低价，收盘价即为当日的最高价。不管从哪个角度来看，这都是一种颇为强势的上涨态势，从多空博弈角度来说，这往往是多头在碾压空头；从主力动向来说，这往往是主力在进行拉升。

多空博弈时多头占据上风，毋庸置疑，这是买入的好时机。然而主力拉升却未必是买入的好时机，股市中有很多主力诱多出货的情况，只有在下跌途中的拉升才能准确无误地表明主力的意图，也只有此时的光头光脚阳线才称得上是主力动向角度的买入信号。通过具体实例我们分别看看光头光脚阳线在两个角度的买入信号。

首先，让我们通过滨江集团（002244）的例子来看看光头光脚阳线在多空博弈角度的买入信号，如图9-1所示的滨江集团2015年4月至2015年7月期间日K线图。我们可以发现图中的这条光头光脚阳线满足了三个特点。

（1）光头光脚阳线出现在上涨途中而不是上涨初期，如果没有主力刻意拉升的话，上涨初期的走势不会这么强，而要是主力拉升的话就不再属于多空博弈的范畴了。所以光头光脚阳线只有出现在趋势渐渐获得多空双方的认同的中期才算买入信号。

（2）光头光脚阳线的成交量不能太大。成交量大的话说明多空分歧大，而强势上涨时双方看法应该是一致的，成交量应该较小。

（3）阳线的K线实体不能太短。因为强势上涨的直观表现就是股价升高，而K线实体较短的话就不能体现强势的特点，更像是市场情绪低迷的时候。

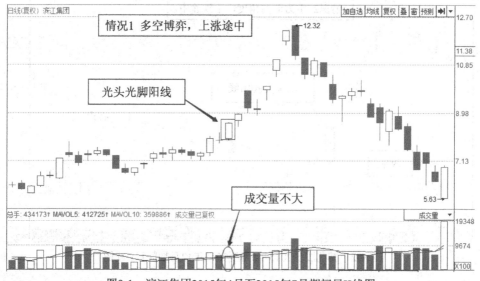

图9-1　滨江集团2015年4月至2015年7月期间日K线图

我们要牢记只有满足这三个特点的光头光脚阳线才算是多空博弈角度的买入信号。

然后，我们通过精艺股份（002295）的例子来看看光头光脚阳线在主力动向角度的买入信号。如图9-2所示的精艺股份2015年5月至2015年12月期间日K线图，作为主力动向角度的买入信号的光头光脚阳线也得符合如下三个特点。

（1）光头光脚阳线出现在下跌途中，因为上涨途中出现不能排除主力诱多的可能，而下跌时卖盘很大，主力能在这种情况下保证收盘价是当天的最高价，足见主力的拉升决心。

（2）成交量一定不会小。由于下跌途中的卖盘很多，主力顶着这些卖盘拉升，一定会发生大量成交，因此成交量一定比较大。

（3）阳线实体不能太短，阳线实体太短不能体现主力逆市拉升的决心，只能作为趋势减弱信号，不能作为买入信号。

只有满足这三点的光头光脚阳线才能算作主力动向角度的买入信号。

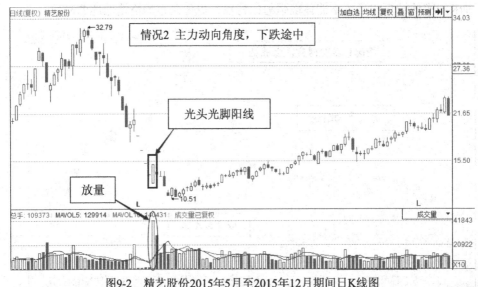

图9-2　精艺股份2015年5月至2015年12月期间日K线图

9.2　突如其来放巨量上涨后缩量调整

突如其来放巨量上涨后缩量调整是主力动向角度的买入信号。

可以说，突如其来的放量就决定了这一形态该从主力动向角度进行分析，因为多空博弈时成交量往往是渐变的，只有在主力参与的情况下成交量才会有突变。某股在某日突然放巨量上涨，代表当日有大量资金涌入，这些资金可能来自打算长期操作该股的机构，也可能来自追热点涌入的游资和敢死队。但是不论资金来自何方，都有两个特点。

（1）进是为了出。资金流入时携风带雨导致放出巨量，离去时必然也会掀起波澜。

（2）进是为了赚。高抛低吸对谁来说都是一样，买入就是为了在股价上涨之后卖出，只不过散户只能追逐行情，而主力能够影响行情。

> Tips：这两个特点造就了突如其来放巨量上涨后缩量调整的可行性，放巨量上涨意味着主力进入，缩量调整意味着主力没走，主力没走后市就有机会。主力为什么还没走？因为主力要赚了再走。此时我们该做什么？我们要等着跟主力一起赚。

来看看冀东水泥（000401）的例子，如图9-3所示的冀东水泥2015年5月至2015年9月期间日K线图。在突如其来放量之后便即刻缩量，这说明主力没有出逃，股价就有继续上涨的基础。随后出现了一次放量下跌，但是此次成交量的水平依然不及之前，因此主力只能出掉一部分的货。真正的出货是在图中标记的K线群，这一段时间K线形态的上影线都很长，且对应的成交量水平也很高，这正是明显的主力出货形态。

我们还可以发现一开始标记的K线也是有上影线的，但是由于A股的"T+1"交易制度，因此这不可能是刚入驻的主力在出货。正是由于"T+1"交易制度的存在，使得这种形态用于捕捉游资的短期炒作行为特别管用，当运用到主力长期操盘个股时反倒有一些注意事项。

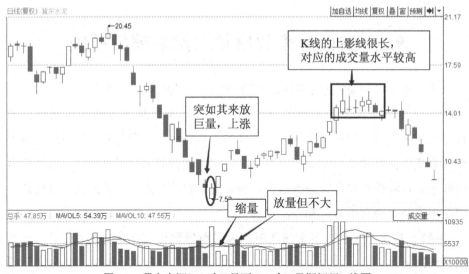

图9-3 冀东水泥2015年5月至2015年9月期间日K线图

首先是主力在吸筹时会数次出现这样的形态，但是出现之后股价不会立刻上涨，必须等到主力拉升时股价才会涨，因此要有拿得住的耐心；其次在股价进入高位区后主力可能会通过对倒出货，主力对倒时个股也会放出巨量上涨，但是这些成交量是主力通过左手倒右手刷出来的，因此这时候哪怕后一个交易日成交量比主力对倒时的成交量小也可能是主力在出货，我们要提高警惕。

Tips：在股价处于高位区时最好的判定方法是拿放出巨量交易日的后一个交易日的成交量和其前一个交易日的成交量来比较，而不要拿后一个交易日的成交量去和可能是主力刷出来的巨量比较。

9.3 低位红顶小山头

低位红顶小山头是主力动向角度的买入信号。

首先"低位"指的是股价处于相对低位，"小山头"指的是成交量先渐渐递增，达到一定值后开始渐渐递减，此时的成交量柱的形态看起来就像一个小山头。而"红顶"指的是当成交量达到峰值的那一交易日股价必须是上涨的，成交量柱必须是红色的。

"低位红顶小山头"能算作主力动向角度的买入信号，是因为它是主力吸筹的标志。接下来给大家解析每个要素。

首先是"低位"，主力吸筹自然希望拿到低位筹码，所以相对低位出现这种形态主力吸筹的可能性大些。

其次是"小山头"，主力在吸筹时会推动股价上涨，股价上涨就会引起跟风盘的注意，越来越多的跟风盘加入使得成交量渐渐放大，但是这些跟风盘其实是在跟主力抢筹，当跟风盘太多也就是成交量达到短期峰值的时候，主力就会暂时停止吸筹甚至反手打压。由于主力停止吸筹，买盘力量减少，股价上涨乏力，原先涌入的跟风盘又会渐渐涌出，因此成交量渐渐缩小，成交量表现为小山头的形态。

最后是"红顶"，为什么一定要是红顶而不能是绿顶呢？首先，自古以来就没有人会喜欢绿顶，绿顶是什么？绿顶是绿帽子啊。而红顶是什么？红顶是古代官员的顶戴花翎。哪个更好很明显。然后从科学角度来解释为什么这里的形态一定要是"红顶"。因为主力在这一阶段所做的事是吸筹，吸筹就是买入，买入就会造成股价上涨。

虽然主力为了避免跟风盘抢筹，在吸筹途中偶尔也会对股价进行打压，但是打压就意味着卖出和交出筹码，此时主力只可能用少量筹码来打压股价，而这点筹码是不可能在跟风盘最盛的时候把股价打成下跌的，因此成交量处于短期峰值时，K线一定收的是阳线，量柱一定呈红色。

来看看天山股份（000877）的例子，如图9-4所示的天山股份2016年10月至2017年2月期间日K线图。我们可以发现，天山股份就出现了三次"低位红顶小山头"形态，这都是主力吸筹的标志。同时发现在此期间天山股份K线收阳线的数目明显多于阴线，且红色量柱的平均长度明显大于绿色量柱的平均长度，这种"红肥绿瘦"的特点也是吸筹阶段的标志之一。主力在吸筹完毕后必然会开始拉升，因此通过"低位红顶小山头"形态捕捉主力吸筹踪迹然后买入是一个不错的选择，图9-4中天山股份在几次出现"低位红顶小山头"形态后便开始了快速上涨。

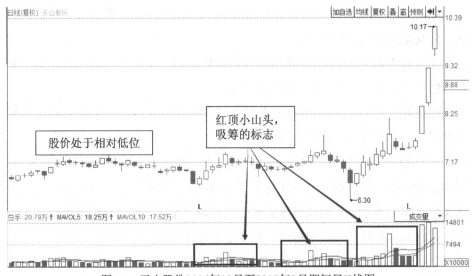

图9-4 天山股份2016年10月至2017年2月期间日K线图

9.4 跌势末期放量承接

跌势末期放量承接既是多空博弈角度的买入信号，也是主力动向角度的买入信号。

首先在股价下跌过程中空方力量肯定强于多方力量，因此成交量的大小由力量较弱的一方即多方来决定。也就是说，下跌时只要成交量放大一定是由于多方力量增强导致的，那么在下跌乏力时成交量放大说明了什么呢？说明了多方力量已经增强到了与空方势均力敌的水平，双方发生了激烈的交锋，若空方力量持续增强，走势很可能会反转。

先来看看多空博弈角度的跌势末期放量承接的情况，以长安汽车（000625）为例，如图9-5所示的长安汽车2015年7月至2015年10月期间日K线图。我们可以发现在下跌接近尾声时成交量开始逐步放大，成交量放大意味着多方力量在一步步地增加，最终多方力量强过了空方力量，股价由下跌转为上涨。

Tips：多空博弈时的一个特点就是一切都是渐变的，我们可以发现每日跌

幅是在逐渐收窄的，成交量是在逐步增加的，渐变的过程给予了我们充分的介
入时间，买卖时机的寻找也相对容易，只要把趋势看准，很容易把节奏踩对。

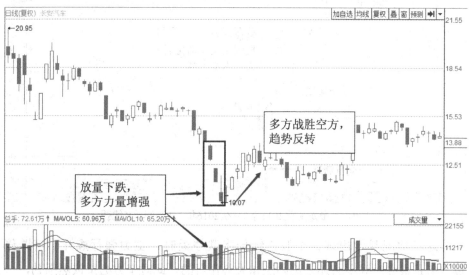

图9-5　长安汽车2015年7月至2015年10月期间日K线图

　　再来看看主力动向角度的跌势末期放量承接的情况，以帝龙文化
（002247）为例，如图9-6所示的帝龙文化2015年5月至2016年2月期间日K线
图。图中标记的交易日成交量激增，说明多方力量突然增加，说明主力开始出
手了，同时K线的下影线很长，这说明当日股价触底反弹，种种迹象都表明
主力在该交易日大手笔建仓，因此该交易日成了帝龙文化涨跌趋势变化的分
水岭。

　　我们可以发现，多空博弈角度的情况和主力动向角度的情况差别就在于
一个成交量是渐变的，一个成交量是激增的；第一种情形体现了散户的群体意
识，第二种情形体现了主力的主观意愿；前者趋稳定，后者追求高收益。

　　值得一提的是，主力动向角度的该形态还有一种特殊情况要引起我们的
注意，有时候主力操盘的个股会由于一些大利空而暴跌，暴跌自然是主力所不
乐见的，因此主力希望能够尽早终结跌势也会大手笔地买进，但是此时的跌势
还是很强劲的，空方力量也依然很强，若是主力没有继续建仓的话股价很有可
能会继续下跌。

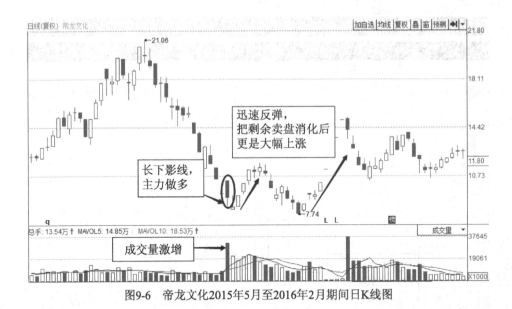

图9-6　帝龙文化2015年5月至2016年2月期间日K线图

这种情况最常出现在个股连续一字跌停板时，主力强行撬开一字跌停板，但是很多时候主力还是没办法和大势作对的，此时空方力量依然强劲，一旦主力后劲不足，股价立马会重新下跌。关于主力强撬一字跌停板后股价继续下跌的详细解析可以参看本书的8.9.2节。

9.5　跌势末期缩量后股价上涨

跌势末期缩量后股价上涨是多空博弈角度的买入信号。

由于股票和期货的双向交易不一样，基本上只能做多，这种单向获利方式造就了股票在上涨和下跌时资金的流向上存在一点差别。当股价滞涨时，前期的获利盘一定会大量涌出，因此上涨趋势稍受质疑成交量就会放大，但是在股价下跌乏力时，资金却不会立刻涌入。这跟我们在现实生活中看见有些东西买的人很多哪怕涨价了我们也会去买，而另一些东西无人问津哪怕降价了我们反倒会担心质量而不去过问，是同一个道理。

正是因为如此，有时候下跌趋势并不是以放量结束而是以缩量结束的。我们知道下跌途中还有一种情况成交量也会缩小，跌势极其强劲时，此时成交量缩小是因为越来越多的股民认为股价会下跌，所以买入的股民少了，成交量会缩小，这和此处成交量缩小的原因是不一样的。

Tips：这种情况的逻辑是这样的：在前期的下跌中，多头已经被空头打怕了，所以尽管下跌已经乏力，多方力量依然很小。

此时空方力量在不断减弱，空方力量减弱跌幅就会变小，此时的多头主要是一些抄底的股民，某日股价跌幅越大抄底的股民肯定越多，而伴随着跌幅缩小，抄底的股民肯定是日渐减少，在多方没有发起集体反击的前提下，抄底的股民日渐减少意味着买单日渐减少，买单日渐减少，所以成交量会日渐缩小，直到空方力竭。

总体来说，跌势末期成交量缩小代表着空方力量正在被一步步耗尽，但是空方力量被耗尽只意味着股价会止跌，股价要上涨还得多方发起进攻，因此在缩量后加入了"股价上涨"的限定条件。由于此时空方力量已经被耗尽，股价在接下来的上涨过程中受到的阻力较小，涨势持续的可能性较大。

来看看平安银行（000001）的例子，如图9-7所示的平安银行2017年3月至2017年7月期间日K线图。首先在经历过长期下跌后，平安银行缩量止跌，止跌之后多方小心翼翼地发起了进攻，多方的小心翼翼体现在买盘稍微增多就不

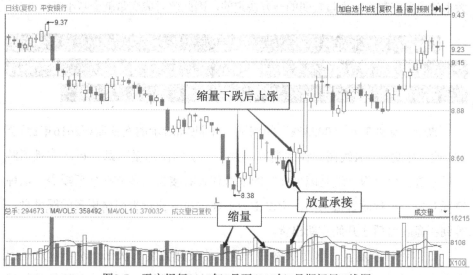

图9-7　平安银行2017年3月至2017年7月期间日K线图

敢继续跟进了。只好等到空方力量被再次耗尽才敢发起进攻，于是平安银行又经历了一次缩量下跌，但是这次的情况有些不一样，最后一根阴线对应的成交量是放大的，且次一交易日成交量继续放大，股价开始攀升，这说明多方发起主动进攻的意向强了很多。

通过两次的缩量止跌，多方看出来空方已经是强弩之末了，于是开始采取了积极主动的进攻。由此也可以看出，伴随着缩量止跌后的上涨，成交量放大的情况比缩小的情况好，因为这意味着多头集中力量发起进攻，而不是只是部分股民出于"物极必反"的心态试探性买入，后者对应的只是反弹行情，前者对应的趋势反转行情。

9.6 主力出货初期缩量下跌

主力出货初期缩量下跌是主力动向角度的买入信号。

主力出货时主力站边空方，空方力量非常强，刚开始出货时涨势的余威还在，多方力量也很强，因为多空双方力量都很强，所以成交量就会很大。但是随着主力出货导致的股价下跌，很多多方失去了股价会继续上涨的信心，成交量的大小是由多空双方中力量较弱的一方决定的，因此此时成交量就会减小。

> Tips: 在买盘不足的情况下，主力继续出货肯定会导致股价大幅下跌，主力肯定是希望能够在高价位多出一些货的，因此在缩量之后主力一般会暂时停止出货，用少量资金反手做多，等吸引到新的跟风盘后再继续出货。

来看看新亚制程（002388）的例子，如图9-8所示的新亚制程2016年2月至2016年6月期间日K线图。在此期间一共标记了四次缩量下跌，每次缩量下跌之后股价都会反弹，这是因为此时的下跌代表着接盘的多方在渐渐减少，这种情况对主力出货而言很不利，所以主力会通过拉升股价来引诱更多的跟风盘，等到买盘旺盛后才开始重新出货。

我们还可以发现，这四次缩量下跌后的反弹力度一次比一次小，这是因为主力在不断出货，货出得越多主力的控盘力度就越低，市场中的浮筹也就越多，浮筹多的话拉升难度就大，所以反弹力度会越来越小。正是因为每次反弹力度会逐渐减少，所以我们在买入后切忌长期持有，此时出货才是主力操盘的主旋律，拉升只是为了诱多，掌握了这种形态我们能做到在股价反弹前买入，但是要注意见好就收，在主力重新开始出货前离场。

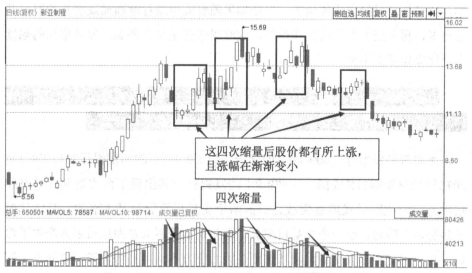

图9-8　新亚制程2016年2月至2016年6月期间日K线图

9.7　阶梯式放量爬坡

阶梯式放量爬坡是多空博弈角度的买入信号。

阶梯式放量爬坡指的是个股走势由横盘转入上涨时成交量日渐放大，且放大的幅度很有规律，成交量柱看起来就像一个上行的阶梯。

首先这里有一个前提，股价是由横盘转入上涨的，因为在横盘时双方对后市走势都比较迷茫，当涨势出现时空方不会强烈抵抗它，所以成交量放大是把空方质疑上涨趋势的情况给排除掉了。

那么成交量究竟是如何增加的呢？因为股价在上涨过程中会触及部分股民的目标卖出价位，所以股价的涨幅越大触及的目标卖出价位就越多，被动增加的卖盘也就越多，成交量也就越大。也就是说，此时成交量逐渐放大是由于涨幅逐渐放大，这种量价齐升的形态是一个好现象。

在本节中我为什么要强调阶梯式放量呢？是为了预防空方质疑上涨趋势而主动增加卖盘的情况。之前假设的前提一直是决定成交量放大速度的是股价上涨触及目标卖出价位而被动增加的卖盘，在这种前提下随着多方力量渐渐增加，成交量是呈阶梯式放量的，但是如果随着股价渐行渐高质疑涨势的股民开始增多，那么空方力量会主动增加，这时候成交量也会增加，但是增加的幅度肯定比原先要大不少。

> Tips：这种空方抵制股价上涨的情况恰恰是涨势难以为继的信号，因此阶梯式放量就是为了避免这种情况，以确保上涨趋势能顺利开启。

来看看浦发银行（600000）的例子，如图9-9所示的浦发银行2015年9月至2015年12月期间日K线图。在图9-9中浦发银行一共出现了两次阶梯式放量爬坡形态，两次阶梯式放量爬坡之后的两个交易日股价都是上涨的。其实这时候趋势是在减弱，前一个交易日缩量是因为初次遭遇大量抛压后多方产生了迟疑，后一个交易日成交量大幅增加则是因为空方不认可趋势，双方之间发生剧烈交锋。但是尽管如此股价依然上涨了，后一个交易日股价都还接近涨停，这仅仅是前期阶梯式放量爬坡的余威带来的。

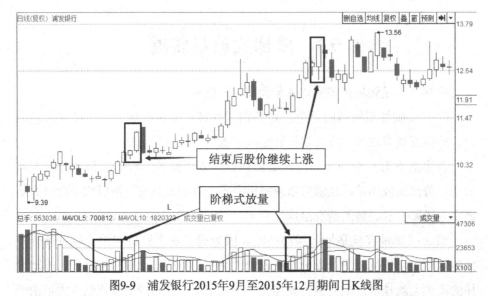

图9-9　浦发银行2015年9月至2015年12月期间日K线图

Tips：阶梯式放量爬坡之后并不是只有这样的短线投资机会，它是可以孕育出大行情的，但是必须要进一步确立趋势，从量价形态上如何体现出来呢？将在下一节揭秘。

9.8　上涨途中平量加速上涨

上涨途中平量加速上涨是同属于两个角度的买入信号。

此形态特点是在上涨途中股价上涨速度加快，但成交量的大小没有发生什么变化。股价上涨速度加快这点不用解释了，涨势加强最明显的变化就是涨幅增大。但是为什么要强调平量呢？

很多人把成交量也称作"量能"，他们认为成交量相当于股价上涨的能量，同时葛兰威尔也说过"价在量之前"，所以我原先认为放量上涨就是最强势的上涨形态。

后来我意识到我错了，成交是双方的事，放量意味着多空双方力量都在增加，刚开始上涨时空方力量增加是因为股价上涨触及股民的目标卖出价位，这时候放量确实意味着涨势在增强。但是若是成交量一直放大说明了什么？这说明了尽管多方步步紧逼但是空方丝毫没有放弃抵抗，这在趋势中后期显然不是理想的上涨态势。那么最强势的上涨形态究竟是什么样的呢？我认为是缩量加速上涨。

当上涨足够强势时，大多数股民都认可了这种趋势，这时候卖股票的人是很少的。由于买盘很大而卖盘不足，因此成交量会缩小，上涨会加速。这就是缩量加速上涨是最强势的上涨形态的原因。

Tips：但是，在我们实战时缩量加速上涨出现的情况并不多，这是因为上涨途中影响成交量的除了有空方的主动性卖盘之外，还有因为上涨触及股民目标卖出价位而被动增加的卖盘。

随着上涨幅度加大，触及的股民目标卖出价位必定是增多的，被动产生的卖盘肯定增多了，但是最终成交量却缩小了，这就要求主动产生的卖盘必须大幅缩小，这个要求有点苛刻了。我们不妨放宽一点要求，只要求成交量不继续增加就行了，平量加速上涨也能反映出主动挂卖单的股民在逐渐减少，这也是一种非常强势的上涨态势。

来看看西仪股份（002265）的例子，如图9-10所示的西仪股份2016年7月至2016年11月期间日K线图。图中标记的第一次平量加速上涨的形态，此时的西仪股份涨势非常强劲，而后一个交易日成交量突然放大了，这说明空方的主动性卖盘开始增多，多空分歧开始加大，果然随后股价发生了回调。但是回调过后西仪股份的K线图又一次呈现出平量加速上涨的形态，涨势再一次被确立。

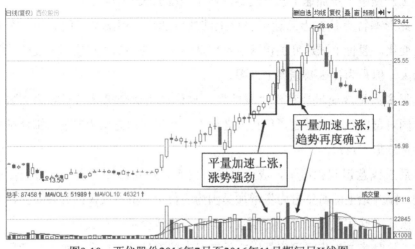

图9-10　西仪股份2016年7月至2016年11月期间日K线图

9.9　连续缩量涨停

连续缩量涨停是同属于两个角度的买入信号。

连续缩量涨停指的是股价连续涨停，同时后一个交易日的成交量相较于前一个交易日要小。

在9.8节中讲过，缩量加速上涨是最强势的上涨态势，但要同时满足缩量和加速的两个条件有点过于苛刻，所以我们只要在一个条件不变的情况下满足另一个条件便可。9.8节说的是成交量不变涨幅增加的情况，这里的9.9节则说的是涨幅相同成交量缩小的情况。

成交量来自两方面：（1）空方质疑趋势而主动增加的卖单；（2）因股价上涨触及目标卖出价位而被动增加的卖单。当股价连续涨停，每日涨幅一样，所以（1）（2）产生成交量的水平是相近的，但最终成交量表现为缩小，说明由（1）产生的成交量在减少，质疑趋势的股民在减少，上涨会更加强势。

Tips：9.8节和9.9节的运用就像我们上小学时常做的一道数学题，比较甲乙两人谁跑得快，怎么比？两种方法，相同时间比路程和相同路程比时间。

来看看华斯股份（002494）的例子，如图9-11所示的华斯股份2017年5月至2017年8月期间日K线图。华斯股份在2015年5月时涨势凌厉，连续数日以涨停价收盘。我们可以发现在连续涨停时，华斯股份的成交量是日渐缩小的，这说明了上方卖单越来越少，空方消极避战，股民对趋势一致认可，所以涨势得以持续。

最终结束涨势的是一根放量大阴线，这个放量意味着上方卖单的增加，反映出空方对于上涨趋势的质疑，因此涨势难以为继。但是我们还可以发现，尽管该日的K线形态是根大阴线，但是这根阴线是以涨停价跳空高开的，股价是在盘中回落的，也就是说，股民哪怕是在前一个交易日买入都有利可图，而仅仅依靠连续缩量涨停的余威即可。

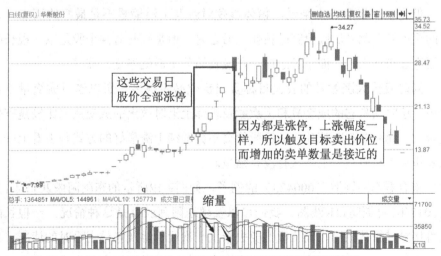

图9-11 华斯股份2017年5月至2017年8月期间日K线图

9.10　箱体震荡时触及上沿缩量

箱体震荡时触及上沿缩量是多空博弈角度的买入信号。

箱体震荡指的是一段时期内股价在一定范围内上下波动，涨到某一价位就下跌，跌到某一价位就反弹，一段时间的K线图就像一个长方体的箱子。股票价格一段时间在一定范围内震荡，上方的压力位叫作箱体上沿，下方的支撑位叫作箱体下沿。本小节所介绍的形态的特点是当股价触及箱体上沿时成交量缩小。

> Tips：此处成交量缩小是相较于上一次触及箱体上沿时的成交量而言的，而不是相较于近几个交易日的成交量而言的，由于上涨过程中抛压不断增多，相较近几个交易日成交量反而会是放大的。

这一形态作为买入信号的逻辑支撑在哪里。股价之所以触及箱体上沿会由涨转跌，是因为箱体上沿是一个压力位，当股价涨至此处时卖盘就会激增，集中抛压会把股价打得下跌，同时成交量往往在此时放大。而当股价再一次触及箱体上沿时成交量缩小意味着什么呢？意味着此处的压力相较上一次触及箱体上沿时已经减小很多，突破有望。

但是从严格意义上来说，箱体震荡时触及上沿缩量不是最好的买点，最好的买点是在此之后股价突破箱体上沿之时。但是有些时候个股是以一根长阳直接穿过箱体上沿，而不像之前一样触及箱体上沿就停止上涨。

同时股价大涨触及的股民目标卖出价位必定很多，所以当日成交量不会太小，这时候拿它的成交量和上次触及箱体上沿时放出的成交量来比较是有失偏颇的。此时要判断箱体突破后股价会不会继续上涨最好的方式是去看上一次触及箱体上沿时相较上上次有没有缩量。

来看看东阿阿胶（000423）的例子，如图9-12所示的东阿阿胶2017年1月至2017年7月期间日K线图。我们可以发现东阿阿胶就是这种情况，一根长阳线直接穿过箱体上沿，因此我们要去看上一次股价触及箱体上沿时的情况。如图9-12所示，东阿阿胶的股价上一次触及箱体上沿时相较上上次成交量明显缩小，这说明股价行至此处的压力已经明显减小，这就奠定了股价突破箱体上沿后能继续上涨的基础，事实证明也确实如此。

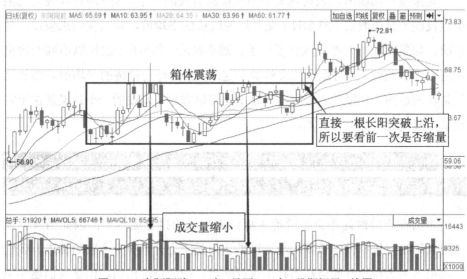

图9-12 东阿阿胶2017年1月至2017年7月期间日K线图

9.11 放量大阳线上穿中长期均线

放量大阳线上穿中长期均线是主力动向角度的买入信号。

均线全称叫移动平均线，术语叫MA，它是将某一段时间的收盘价之和除以该周期得到的，比如5日均线每日的数值就是通过最近5个交易日的收盘价之和除以5得到的。由此我们可以看出，均线代表的是一段时期的股价的平均水平。因为选择的时期不同均线也不同，比如有5日均线、10日均线、30日均线等。

不得不说均线是一种非常重要的技术分析指标，与其相关的形态有很多，如长期均线和短期均线，金叉、死叉，股价上穿均线，股价下穿均线，等等。同时由其衍生来的MACD指标也备受分析师关注。作为一个逻辑严密的人，我不禁要问，为什么均线能够充当一个如此重要的指标？这些与均线相关的形态成立的逻辑在哪里？我过去看过的数十本相关图书中都没有得到合理的解释，最终在长期的操盘和思考后领悟到了这两个问题的答案。

先来说说均线所代表的意义中与此形态有关的一个。首先N日均线上的某个点反映的是该股自此往前N个交易日的股价的平均值，那么我们来假设一种情况，如果该股每天都只成交了一手，那么N天一共有N个股民以不同的价位买进，那么此时的N日均价其实就等于这N个股民持仓价格的平均值。当然这只是我假设的一种极端的情况，但是由此可以看出，均线的一个意义就在于它反映了股民的平均持仓成本。

Tips：我们的推理可以更近一步，主力在吸筹阶段都是以买入为主的，因此个股若是有主力操盘的话，合适的周期的均线其实反映了主力的持仓成本。

主力在吸筹时是不会把股价大幅拉离自己的持仓成本的，因此当股价以一根大阳线直接穿过中长期均线可以被认为是主力开始拉升个股的标志。我们知道很多主力在拉升前会利用打压进行洗盘，把散户洗出局，但是我们还知道套牢盘是很难被打压洗掉的，反倒是会在股价开始上涨之后集中出逃。

在横盘的过程中套牢盘的耐心已经被耗尽了，但由于舍不得沉没成本所以没有抛售，现如今股价上涨了，看起来就像是短期内最好的卖点出现，套牢盘当然会选择在此刻涌出。也正是因为套牢盘的涌出，所以此时的成交量会放大。

来看看京汉股份（000615）的例子，如图9-13所示的京汉股份2016年6月至2016年11月期间日K线图。在图中标记的交易日以一根大阳线放量上穿30日均线，这便是本小节所描述的形态，相当于主力吹响了拉升的号角，随后股价继续上涨也验证了这点。同时还要说说这里为什么选用30日均线呢？

Tips：这个形态是加上限定条件的，上穿的均线必须是中长期均线，这是因为运用均线大致近似替代主力持仓成本的时候必须把主力吸筹的时段都包含进来，所以不可能是MA5、MA10这样的短期均线。

而我认为京汉股份的主力吸筹时间接近30日，所以选择了30日均线。对不同主力吸筹情况要选择不同周期的均线作为参考指标，关于如何选择以及均线更多的运用方法会呈现在本书的12.2节中。

图9-13　京汉股份2016年6月至2016年11月期间日K线图

9.12　股价反弹时放量上穿中长期均线

股价反弹时放量上穿中长期均线是多空博弈角度的买入信号。

这一形态能作为买入信号有两个原因，第一个原因是均线能反映股民的平均持仓成本，第二个原因是股民在面对股价下跌时具备一个特点。第一个原因在9.11节中已经解释过了，本小节重点来说说第二个原因。

> Tips：股民面对股价下跌有这样一个特点：股价刚下跌的时候，部分追随趋势的散户会卖出；当股价大跌后散户却往往不再卖出，因为他们不忍心"割肉"，舍不得"沉没成本"；等到股价一反弹，散户们又开始卖出，因为他们已经对行情反转失去信心了，只想少亏点出局。

正因为如此，超跌个股自底部开始上涨的过程中往往会遭受很大的抛压，只有这些抛压被消化后股价才能持续上涨，那么这些抛压什么时候才会被消化掉呢？当股价重新超越大多数股民的持仓成本，即股价上穿中长期均线的时候。

来看看飞乐音响（600651）的例子，如图9-14所示的飞乐音响2015年7月至2016年2月期间日K线图。乐飞音响股价跌到谷底后曾经历过数次反弹，但前几日反弹的力度都很小，反弹没持续几日就结束了。这是因为股价跌到谷底反弹后积累了大量的套牢盘，很多股民对于回本已经失去了信心，只想少亏点出局，所以股价刚反弹没多久他们就会卖出，这些卖盘造成了反弹难以持续。

而伴随着一次次的小幅反弹，套牢盘不断地被消耗，等到9-14图中标记的交易日的时候套牢盘已经被消耗殆尽，而标记的交易日股价上穿MA20、MA30代表着股价重新超过了股民的平均持仓水平，股价再继续上行的话不会遭到套牢盘的顽强抵抗，股价得以继续上涨。同时我们可以发现股价在上穿MA20、MA30的时候成交量是放大的，如在1.2.2节中所说，这种由横盘转入上涨后的放量代表着多方力量在逐渐增强，这也是促成乐飞音响本次反弹较前几次力度较大的原因之一。

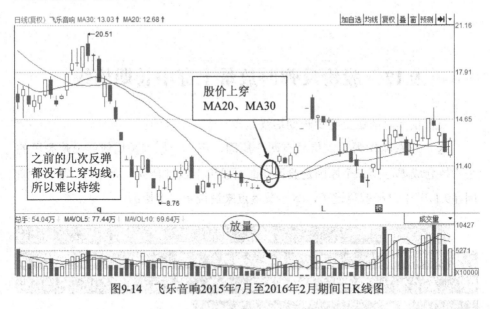

图9-14　飞乐音响2015年7月至2016年2月期间日K线图

9.13　闪电形拉升时放量涨缩量跌

闪电形拉升时放量涨缩量跌是主力动向角度的买入信号。

闪电形拉升指的是个股在上行的时候日 K 线图的走势像一道道闪电。个股在上行通道中会出现这种形态是主力操盘的结果，主力拉升导致股价快速上涨，这构成了闪电的上行折线；当股价涨得过高后会有股民对趋势产生质疑，此时空方力量会增强，涨势会受到抵制，此时主力不会顶着卖盘强行拉升，而是等待空方力量自行消耗，空方力量在消耗的过程中必然导致股价下跌，这构成了闪电的下行折线。等空方力量消耗完后主力重新开始拉升股价，股价再次凌厉地上涨，这又构成了闪电的另一条上行折线。

再来看看"放量涨，缩量跌"。由于出现闪电形拉升的个股处于主力拉升阶段，因此在上涨的过程中买盘肯定是充足的。显然成交量的大小是取决于卖盘的多少，伴随着股价渐渐上涨，质疑涨势的股民越来越多，做空的人也越来越多，相应地卖单越来越多，成交量会放大。当空方力量强到一定程度之后主力便不会继续拉升，而是让这些空方力量自行消耗，成交量缩小便是空方力量逐渐消耗的直观表现。

闪电形拉升时放量涨缩量跌这一形态的出现代表着主力有持续拉升股价的意愿，这是此形态能作为买入信号的逻辑。

Tips：当有主力操盘的个股经历过放量涨缩量跌之后重新开始放量上涨，K 线形态呈现出"闪电"雏形的时候便是我们买入的最好时机。

来看看远兴能源（000683）的例子，如图 9-15 所示的远兴能源 2016 年 7 月至 2016 年 10 月期间日 K 线图。远兴能源这一时期的拉升便是典型的闪电形拉升，我们可以发现远兴能源的上行曲线非常倾斜，涨势非常凌厉，在没有配套利好发布的情况下，"无风起浪"的凌厉涨势势必会受到散户质疑，散户质疑就会抛售股票，抛售就会对上涨产生阻力。

当阻力过大时主力就会停止拉升静待质疑的散户离场，伴随着散户离场成交量会逐渐缩小，等到成交量缩小到一定程度后大部分看空的散户都已经离场，剩下的都是坚定的看多同志，远兴能源的主力便重新开始了拉升。投资者在其缩量下跌后重新开始放量上涨，形态上刚出现"闪电"的雏形时买入是最好的选择。

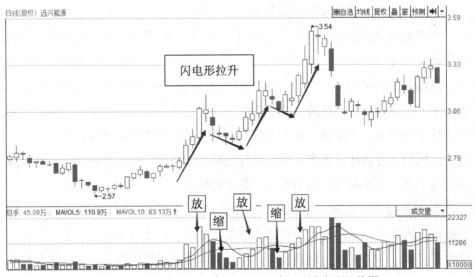

图9-15　远兴能源2016年7月至2016年10月期间日K线图

第10章

日K线图中的卖出信号

股市中流传着一句话："会买是徒弟，会卖是师傅。"投资强调的是高抛低吸，一买一卖才构成一次完整的操作，若只是买得好股价上涨了不少，但是却没有在高位卖出，而是等到大幅回落后才悻悻离场，这只不过是经历了一场纸面富贵。所以知道何时卖出很重要，在说完了日K线图中的量价买入信号，本章来说说日K线图中的量价卖出信号。

10.1 光头光脚阴线

光头光脚阴线从多空博弈和主力动向两个角度来看都属于卖出信号。

某交易日K线为光头光脚阴线表示该交易日开盘价即为当日的最高价，收盘价即为当日的最低价。不管从哪个角度来看，这都是一种颇为强势的下跌态势，从多空博弈角度来说，这往往是空头在碾压多头；从主力动向来说，这可能是主力在出货。

主力动向角度的光头光脚阴线代表着主力出货的意愿非常坚决，此时股价处于上升通道时买盘还比较旺盛，这时候一般的抛压就会导致股价下跌，但由于多空之间会产生拉锯，K线的上影线一般比较长，像这种直接是光头光脚阴线的形态说明主力出货意愿非常坚决，直接大手笔出货造成了空头碾压多头的局面。

Tips：我们也可以排除主力洗盘的可能，主力洗盘的目的是让散户交出筹码，增强自己的控盘力度，而K线只有在卖盘力量非常大时才会呈现出光头光脚阴线的形态，主力要制造这种形态势必要交出大量筹码，这就和主力洗盘的初衰相悖了。

来看看赣锋锂业（002460）的例子，如图10-1所示的赣锋锂业2015年11月至2016年2月期间日K线图。我们可以发现赣锋锂业的主力出货一共经历了三个阶段。

第一个阶段的出货意愿非常强烈，所以采取了暴力的出货方式，正是在这一阶段出现了两根光头光脚阴线。

但是暴力出货导致股价快速下跌，主力开始害怕股价进一步暴跌，于是有所节制，放慢了出货进度，这就是第二阶段。

接下来进入第三阶段，这一阶段主力手中的筹码已经不多了，之前主力害怕股价下跌是因为担心抛售之后的筹码价格低，现在已经没剩多少筹码了，主力自然不再担心股价下跌了，于是索性把剩下的筹码一口气全抛了，所以又出现了一根光头光脚阴线。

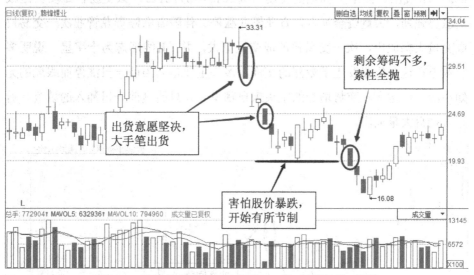

图10-1　赣锋锂业2015年11月至2016年2月期间日K线图

10.2　突如其来巨量上涨后放量回落

突如其来放量上涨后放量回落是主力动向角度的卖出信号。

可以说，突如其来的放量就决定了这一形态要从主力动向角度进行分析，因为多空博弈时成交量往往是渐变的，只有在主力参与的情况下成交量才会发生突变。

"一日游"行情指的是当某板块有利好时游资便迅速涌入，等到第二日股价冲高后就出货，从而导致股价回落。某股在某日突然放巨量上涨，代表当日有大量资金涌入。但是下一个交易日股价在冲高之后便迅速回落，这说明游资在借着跟风盘出货了。

来看看青龙管业的例子，如图10-2所示的青龙管业2017年5月至2017年8月期间日K线图。图中所标记的交易日为2017年6月21日，该交易日雄安新区板块涨势强劲，大量资金涌入，青龙管业涨停。伴随着涨停青龙管业次一交易日成交量大幅放出，次一交易日的成交量更大，并且K线形态为十字星，说明多空双方在这个位置发生了激烈的交锋，多头主要是因为前一日涨停而跟风的无知小散，而这么多逆势增加的空头来自哪里呢？只能是前一日涌入的游资趁着有人接盘大量涌出。

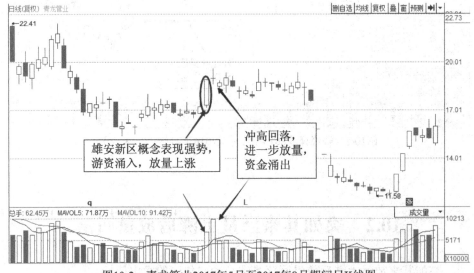

图10-2　青龙管业2017年5月至2017年8月期间日K线图

值得一提的是，我们要注意这种形态跟多空博弈时将形成的形态的区别。从多空博弈角度来说，上涨趋势刚出现时成交量不断放大是因为每日股价涨幅不断增大，触及的股民目标卖出价位越来越多，所以卖盘不断增多，这代表着多方力量不断增强，是一个好现象。

两者之间的区别在于，游资"一日游"的成交量是突然增加的而不是像多空博弈时层层递进的，同时涨势也有差别，"一日游"后股价走势会越来越弱，股价很快就会出现回落，而多空博弈之后股价走势会越强，涨幅和成交量同步增加。

10.3 高位＋长上影线＋放量

高位+长上影线+放量是同属于两个角度的量价卖出信号。

这一形态一共要满足三个条件。

（1）高位。这个形态必须要出现在高位才是卖出信号，因为高位是由股价上涨达到的，常言道"涨得越高，跌得越狠"。

Tips：因为涨跌根本上依赖于资金的流入流出，上涨时流入了大量的资金，这些资金就是股价下跌的潜在推动力。

（2）K线的上影线很长。上影线长说明该交易日股价的走势是冲高回落，这往往是趋势反转的信号。

（3）长上影线的K线对应的成交量很大。股价是由涨转跌的，趋势改变的时候多空双方必然发生了激烈的交锋，因此成交量会放大。

来看看焦作万方（000612）的例子，如图10-3所示的焦作万方2017年5月至2017年8月期间日K线图。通过该图我们可以发现标记的交易日依次满足了"高位""放量""长上影线"这三个条件，也就是满足了本小节所说的卖出信号。我们可以清晰地发现，该交易日便是焦作万方由涨转跌的分水岭。我们还可以看看图中标记的交易日之前的一段时间，单从K线看感觉涨势很凌厉，但是我们可以发现成交量其实是逐渐放大的，这说明伴随着股价上涨卖盘在逐渐增多，当股价上涨到某一临界值时，不断增强的空方力量会强过多方力量，从而使趋势发生改变。

空方力量的增强可能是因为股民对当前价位的不认可也可能是因为主力开始出货了，但是这不重要。重要的是"放量+长上影线"的组合足以说明空方来势汹汹，并且结合"高位"的盈利盘较多，这些盈利盘在后期跟风卖出将会推动股价持续下跌，所以，不管是从多空博弈角度来分析还是从主力动向角度来分析，这都是一种卖出信号。

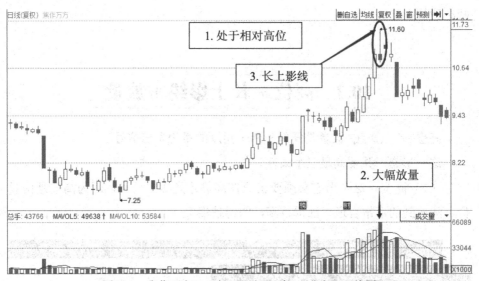

图10-3　焦作万方2017年5月至2017年8月期间日K线图

10.4　由横盘转跌后放量

由横盘转跌后放量是多空博弈角度的卖出信号。

个股横盘时，多空双方对后市都很迷茫，由于迷茫也就不存在对趋势认不认可，因此此时股价下跌的话买盘不存在因股民质疑趋势而主动增加的情况，此时伴随着下跌而增加的成交量主要来自股价触及股民的目标买入价位而被动增加的买盘。股价跌得越多，成交量放得越大。若是股价止跌了，成交量也就不放大了。因此这一阶段的放量下跌其实代表着空方力量正在逐步增强，下跌趋势正在逐渐形成。

来看看振华科技（000733）的例子，如图10-4所示的振华科技2011年9月至2011年12月期间日K线图。在图10-4中标记了四次由横盘转入下跌的情况，前三次是缩量下跌，第四次是我们这里所说的放量下跌，通过比较我们可以发现，前三次下跌都没能持续，只有第四次放量下跌后跌势得以持续。由此充分说明，个股由横盘转入下跌后放量才是跌势启动良好的信号。

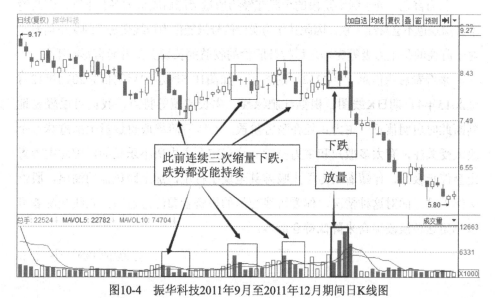

图10-4　振华科技2011年9月至2011年12月期间日K线图

10.5　吸筹阶段放量上涨

吸筹阶段放量上涨属于主力动向角度的卖出信号。

很显然，"吸筹"两个字一出来就说明了这一形态是从主力动向角度分析得出的。当我们通过红肥绿瘦、牛长熊短、逆势上涨、窄幅震荡等特点判断某股的某一阶段有主力在吸筹时我们就能用这一形态判断其短期走势。主力在吸筹时都想要做到悄无声息，不被散户发现，但是主力大手笔的买入无可避免地会推动股价上涨，也无可避免地会引来跟风盘。

Tips：跟风盘来抢筹是不利于主力收集筹码的，面对这种情况绝大多数主力都会停止吸筹，因为主力停止吸筹所以股价不会继续被推高，跟风盘见无利可图后又会涌出，跟风盘涌出的过程必然造成股价下跌。

同时，还有一些更为强悍的主力不仅停止买入还会反手做空来把跟风盘赶跑，这种情况下股价下跌的幅度就更大了。

总而言之，处于吸筹阶段的个股在经历放量上涨后股价大多会下跌，但是绝不会深跌也不会持续下跌，因此其作为卖出信号只能作为短线交易者的卖出信号，对于盯住的是主力吸筹完毕之后拉升股价的收益的长线交易者而言影响不大。

来看看启明信息（002232）的例子，如图10-5所示的启明信息2014年12月至2015年4月期日K线图。根据红肥绿瘦、牛长熊短等特点，我们可以轻易地判断此时启明信息的主力正处在吸筹阶段。在吸筹阶段股价放量上涨意味着个股太受关注，有太多散户和主力抢筹，这肯定是主力所不乐见的，因此主力肯定会停止吸筹，伴随着主力停止吸筹甚至反手打压，加上跟风盘的涌出，股价必然下跌。面对这种情况，偏爱短线交易的投资者要注意避险，长线交易者可以利用这种波段加仓来降低持仓成本。

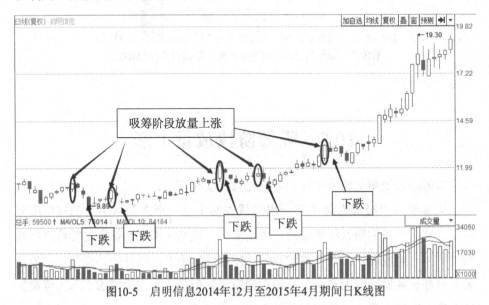

图10-5　启明信息2014年12月至2015年4月期间日K线图

10.6　二次触顶放量

二次触顶放量是多空博弈角度的卖出信号。

二次触顶放量指的是股价在第二次运行到前期高点的时候成交量放大。但是和我们通常说的放量不同的是，这里的放量指的是成交量相较于上一次触顶时成交量放大，而不是相较于前一个交易日的成交量放大。

这一形态能作为卖出信号的逻辑在于，股价涨至高位区伴随着股价的上涨空方力量会逐渐增强，当空方力量增强到一定程度就会使趋势反转，那么这个程度究竟怎么度量呢？看成交量。成交量的大小由多空双方中力量较小的一方决定，因此，在上涨过程中成交量的大小是由空方决定的，成交量的大小直观反映了空方力量的强弱。

Tips：第二次触顶时放出的成交量比第一次触顶时放出的成交量大，这代表着第二次触顶时的空方力量比第一次触顶时要强，第一次触顶时空方力量的强度就足以反转趋势，那么这一次肯定也会。

来看看莱美药业（300006）的例子，如图10-6所示的莱美药业2015年10月至2016年3月期间日K线图。莱美医药在第二次触顶时放出的成交量显著高于第一

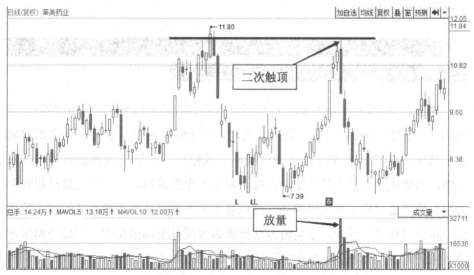

图10-6　莱美药业2015年10月至2016年3月期间日K线图

次触顶时放出的成交量，由此可见，第二次触顶时的空方力量比第一次触顶时的空方力量还要强，在空方力量如此强劲的情况下，莱美医药的走势顺势由涨转跌。

10.7　连续一字跌停板开板后大幅缩量

连续一字跌停板开板后大幅缩量是主力动向角度的卖出信号。

个股出现连续一字跌停板的情况往往是由于突然出现了重大利空或者A股整体爆发了系统性风险，这两种情况主力也无法提前规避，因此当个股爆发连续一字涨停板时，主力很有可能也被套其中，股价连续不断的跌停也是主力所不乐见的。

正常情况下，连续一字跌停板开板是因为空方力量逐渐消耗，多方力量慢慢积聚，当消耗和累积到一定程度后跌停板就自然而然地打开了。主力如果也被套在其中的情况下，为了阻止亏损进一步扩大可能会强行撬板。主力的大手笔买入会让多空双方在短时间内实现了一种力量上的平衡，但是主力的目的只是要撬开一字跌停板，在开板之后并不会有后续买盘跟进，因此跌停板开板后成交量会迅速缩小。

> Tips：若是成交量一直不放出的话，在短期内个股可能横盘，但伴随着没释放完的抛压卷土重来，股价必定还会继续下跌。

来看看*ST锐电（601558）的例子，如图10-7所示的*ST锐电2017年3月至2017年6月期间日K线图。我们可以发现，*ST锐电在经历了两个一字跌停板后，其主力在第三个交易日便强行撬开了跌停板，由于主力撬板时顶着大量卖盘，因此成交量会大量放出。再接着看下一个交易日，下一个交易日相较主力撬板的交易日成交量大幅缩小，这说明主力在撬板成功后没有持续买入的意愿。单单撬板这一行为肯定是没办法把那么多卖盘全部消化的，因此当抛压再度袭来的时候，*ST锐电的股价又再次开始下跌。

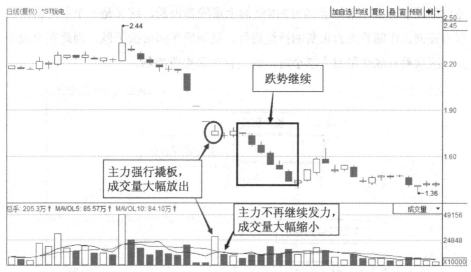

图10-7　*ST锐电2017年3月至2017年6月期间日K线图

10.8　高位区窄幅震荡＋成交量忽大忽小

高位区窄幅震荡+成交量忽大忽小是主力动向角度的卖出信号。

成交量忽大忽小看上去变化得很不自然，这显然不是正常多空博弈时该有的成交量的变化形态，成交量的忽大忽小往往是主力在这一阶段对倒的结果。主力进行对倒的交易日成交量大幅放出，主力没有进行对倒的交易日成交量就保持在相对较低的正常水平，成交量忽高忽低说明主力在这一阶段经常进行对倒。

那么主力对倒的目的是什么呢？主要是制造出交投活跃的假象来吸引跟风盘，然后趁着跟风盘涌入时出货，跟风盘涌入会推动股价上涨，主力出货会导致股价下跌，两者集合起来就是窄幅震荡，而出货肯定是发生在相对高位，所以一定要强调"高位区窄幅震荡"。

来看看天齐锂业（0024660）的例子，如图10-8所示的天齐锂业2016年4月至2016年11月期间日K线图。我们可以发现天齐锂业的股价就是在高位区窄幅震荡，同时成交量忽大忽小，这是十分明显的主力对倒出货的信号。同时我们还可以发现一点，窄幅震荡时的K线的上影线都很长，这又是一个主力出货的有力证据。伴随着主力出货的持续进行，随后股价势必会下跌，因此在个股于高位区盘整且成交量忽大忽小时，股民宜逢高卖股离场。

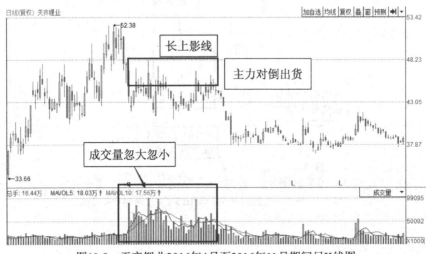

图10-8　天齐锂业2016年4月至2016年11月期间日K线图

10.9　箱体震荡时触及下沿缩量

箱体震荡时触及下沿缩量是多空博弈角度的卖出信号。

箱体震荡指的是一段时期内股价在一定范围内上下波动，涨到某一价位就下跌，跌到某一价位就反弹，这一段时期的K线图就像一个长方体的箱子。股票价格一段时间在一定范围内震荡，上方的压力位就叫作箱体上沿，下方的支撑位就叫作箱体下沿。本小节所介绍的形态特点是当股价触及箱体下沿时成交量缩小。

需要提醒的是，此处成交量缩小是相较于上一次触及箱体下沿时的成交量而言的，而不是相较于近几个交易日的成交量而言的，由于下跌过程中支撑不断加强，相较近几个交易日成交量反而会是放大的。

接着解释一下这一形态作为卖出信号的逻辑。股价之所以触及箱体下沿会反弹，是因为箱体下沿是一个支撑位，当股价跌至此处时买盘就会激增，大量的买盘会把股价向上推动，同时成交量往往在此时放大。

> **Tips：**而当股价再一次触及箱体下沿时成交量缩小意味着什么呢？意味着此处的支撑相较上一次触及箱体下沿时已经减小很多，股价很可能会向下突破。

来看看恺英网络（002517）的例子，如图10-9所示的恺英网络2016年6月至2016年11月期间日K线图。恺英网络这段时期的走势是明显的箱体震荡，我们可以发现，在箱体震荡期间其股价曾三次触及箱体下沿，前两次的成交量基本一致，但是第三次触及下沿时放出的成交量较前两次有明显的缩小。同时前两次股价触及箱体下沿便反弹上行，第三次的时候确实继续向下突破，这是由于前两次成交量较大即支撑力度较强，而第三次触及下沿时的成交量较小这说明此次的支撑力度已大不如前，因此股价大多会继续向下突破，股民遇到这种情况时宜卖股离场。

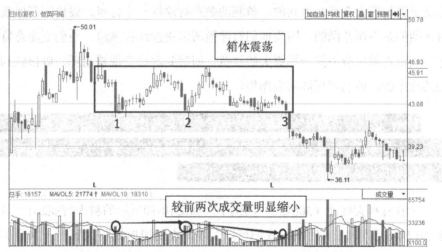

图10-9　恺英网络2016年6月至2016年11月期间日K线图

10.10　高位回落放量下穿中长期均线

高位回落放量下穿中长期均线是多空博弈角度的卖出信号。

这一形态指的是当个股行至高位区后开始下跌，下跌时还伴随着放量，且在下跌途中跌破了均线。这里的均线特指长期均线，一般是30日均线和60日均线，上涨持续时间短的话也可以是20日均线。像5日均线和10日均线这种短期均线基本不作为这一形态的参考指标。

这一形态作为卖出信号有两个原因。

（1）由于均线分析的方法早已深入广大散户的心中，众多散户会将均线作为上涨途中的压力位和下跌途中的支撑位，因此在这个位置多空双方会发生激烈交锋，放量就是由此产生的。当股价下穿均线意味着空方获得了胜利，这个胜利就好像两军交战时一方攻破了另一方的主要战线，这种胜利是能够在心理上打击对手，另一方一定会节节败退。

（2）均线反映的是所有股民的平均持仓成本，因此当股价跌破长期均线代表股价跌到了很多散户的成本价。此时持仓的散户大多是上涨途中介入的，也就是说他们大多都是盈利的，盈利的散户有这样一个特点，股价刚开始跌的时候他们是不愿意抛的，因为他们有浮盈所以更能承担风险，他们更愿意冒着浮盈被消耗的风险去搏一搏更大的收益。而等到浮盈全部被消耗，股价跌到他们的成本价，他们才更倾向去抛售。

Tips：这就好像赌徒如果赚钱的话一般都会继续赌下去，等到把赚的钱都亏完了才会离场。正是因为散户的这一特性所以股价下穿中长期均线的时候会有大量抛压，这些抛压推动股价进一步下跌。

来看看科大智能（300222）的例子，如图10-10所示的科大智能2017年1月至2017年6月期间日K线图。我们可以发现，在这段时期科大智能一共经历了两次放量下穿MA20、MA30，并且每次放量下穿之后股价都会继续下跌。还可以发现第一次刚好是从上涨之后的高点回落，上涨途中堆积的大量获利盘在此时及此后大量出货导致了股价大幅下跌。在股价止跌反弹时期，又有一批股民涌入，当股价再次下穿MA20、MA30时，这些股民的平均持仓成本被跌破，他们又会更倾向于抛售，再加上前期被套此刻心如死灰的股民的离场，股价又迎来一波下跌。

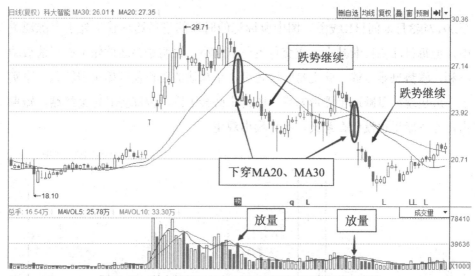

图10-10　科大智能2017年1月至2017年6月期间日 K 线图

10.11　上涨初期缩量减速上涨

上涨初期缩量减速上涨是多空博弈角度的卖出信号。

上涨初期的时候因为股价涨得不高，所以质疑上涨趋势的股民比较少，而实际看空主动增加的卖盘也比较少。此时的卖盘大多是因为股价触及股民的目标卖出价位而被动产生的，成交量的大小也主要受此影响，所以当股价涨幅大的时候，触及的股民目标卖出价位就多，当日的成交量也就越大。

Tips："量价齐升"的上涨形态会受到大家所推崇的原因便在于此，成交量放大说明每日触及的股民的目标卖出价位一日比一日多，股价涨幅也一日比一日大，这是涨势启动良好的迹象。

那么这里的缩量减速上涨意味着什么呢？缩量意味着每日触及的股民的目标卖出价位一日比一日少，涨幅也一日比一日小，这是涨势启动不利的信号，股民见到这种形态切忌追涨，持股的股民最好也卖股离场。

来看看华昌达（300278）的例子，如图10-11所示的华昌达2016年11月至2017年3月期间日K线图。图中所标记的时期的华昌达尽管仍处于上涨通道中，但每日涨幅日渐减小，成交量也节节缩小，说明华昌达此轮上涨行情启动不利，涨势恐难为继。此交易时段之后，华昌达的股价便开始由涨转跌。事实上个股出现缩量减速上涨形态后，股价未必会下跌，但涨势必定会终结，短期内留在该股里也没什么意义，不如卖出观望。

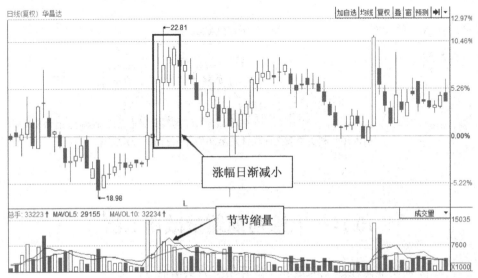

图10-11　华昌达2016年11月至2017年3月期间日K线图

10.12　高位放量后出现阳孕阴形态

高位放量后出现阳孕阴形态是主力动向角度的卖出信号。

首先来解释一下什么叫阳孕阴形态，阳孕阴形态由两根K线组合而成，前一根是阳线，后一根是阴线，后一根阴线的实体部分没有超过前一根阳线的实体部分。如果把前一根阳线看作是一个人，那么后面那一根阴线看起来就像是这个人挺着的大肚子，就好像怀孕了一样，因此取了"孕"这个字。阳孕阴所属的大类叫作孕线，或者也可以叫身怀六甲线。

Tips：还有一点要提醒的是，这里说的放量，指的是组合成阳孕阴形态的两根K线中的前一根K线对应的成交量放大。

接下来对形态进行具体解析，首先这一形态能作为卖出信号的逻辑是它代表着主力正在出货，所以要强调高位。其次为什么要强调阳孕阴形态出现在放量之后呢？需要提前说明的是，这里说的放量指的是组合成阳孕阴形态的两根K线中的前一根K线，也就是大阳线对应的成交量放大。因为只有它放量才能保证有阳孕阴的前一个交易日有大量散户涌入，只有在前一个交易日有大量散户涌入的情况下，主力制造出阳孕阴的形态才有意义。

前一个交易日涌入的散户往往都是追高进入的，他们的成本价格是在阳线的中上部，因此次日主力控制股价以接近他们成本价或略低于他们成本价的价格开盘，然后开始出货。主力出货的时候最害怕的是持仓散户跟风抛售，这势必导致股价大幅下跌，主力刻意制造阳孕阴形态就是为了避免这一点。

Tips：因为套牢盘和跟风盘面对股价下跌的态度是不同的，股价一转跌，盈利盘很快会出逃，但是套牢盘反而会长期留在场内，主力刻意让股价低开的目的就是让前一日大量涌入的散户都变成套牢盘，减少主力出货时候的跟风卖盘。

来看看天华院（600579）的例子，如图10-12所示的天华院2016年12月至2017年5月期间日K线图。我们可以发现图中标记的两根K线构成了典型的阳孕阴形态，同时阳孕阴组合中的阳线对应的成交量是非常大的，说明当日有大量散户涌入。

然后再看组合中的阴线，阴线所对应的成交量也非常大，这说明主力出货力度很强，但是如此强的出货力度对应的股价跌幅却不大，这是主力利用阳孕阴形态稳住了前一日涌入的跟风盘。但是说到底阳孕阴是为了出货服务的，伴随着出货力度的进一步加大股价势必继续下跌，因此当出现此形态后投资者宜卖股离场。

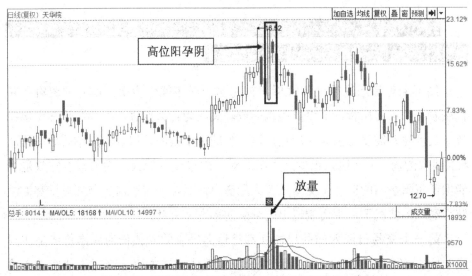

图10-12 天华院2016年12月至2017年5月期间日K线图

第11章

分时图中的量价配合

量价关系并不只是日K线图有，分时图中也有分时量和分时价，它们之间也有配合关系。日K线图中的量价分析好比战略，能够帮助我们打赢整场战争，而分时图中的量价分析好比战术，帮助我们在大大小小的战役中取胜。也就是说分时图中的量价关系能够发挥两大作用。

（1）帮助我们看清短期趋势，帮助我们做超短线和做T（补仓，摊薄成本）。

（2）对日K线图中的量价分析起到辅助作用，比如我们要看主力是否借助跌停板吸筹，看K线是看不出来的，必须得看分时图中的分时成交量是否间歇性放大。再比如在日K线图中看K线出现长上影线就知道当日股价冲高回落，但是具体怎么冲高回落，何时冲高回落？我们必须得借助分时图。

11.1　高位窄幅震荡＋尾盘封涨停

高位窄幅震荡+尾盘急封涨停这一形态出现在分时图中往往是主力出货的信号。

因为高位窄幅震荡和尾盘急封涨停两者都是主力出货的信号，主力先将股价拉到当日高位，然后在这个位置开始出货，此时股价窄幅震荡便是主力趁着早盘股价快速上涨而涌入的跟风盘出货导致的。而尾盘封住涨停是为了给散户更多的信心，吸引更多的跟风买盘，为下一个交易日出货做准备。由于这种形态表明了主力强烈的出货意愿，因此分时图中出现这一形态往往是个股由涨转跌的信号。

来看看西仪股份（002265）的例子，如图11-1所示的西仪股份2015年6月12日分时图。6月12日一开盘，西仪股份的股价便开始快速拉升，达到7%左右

的涨幅停止，然后开始窄幅震荡。西仪股份开盘后的强势上涨必然吸引来跟风
盘，当股价达到高位后西仪股份的主力正好借着跟风盘出货，由于主力出货的
力度很难把控，因此窄幅震荡时成交量会间歇性放出。

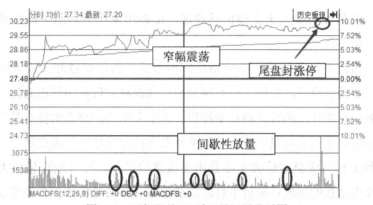

图11-1　西仪股份2015年6月12日分时图

　　跟风盘有一个特性是喜欢追逐短线趋势，6月12日跟风盘涌入是因为看见
了早盘的快速拉升，但若是持续至收盘个股一直在高位窄幅震荡，那么次日这
些跟风盘很可能会涌出。为了留住这些跟风盘，同时也为了吸引更多的跟风
盘，西仪股份的主力在尾盘时再次拉升股价，并把股价封在了涨停价上。

　　由上述分析可见，6月12日西仪股份的主力出货意图已经很明显，该股很
快便由涨转跌，如图11-2所示的西仪股份2015年4月至2015年8月期间日K
线图。

图11-2　西仪股份2015年4月至2015年8月期间日K线图

11.2　压力位量能明显大于支撑位量能

　　压力位量能明显大于支撑位量能这一形态出现在分时图中往往预示着个股短期内会下跌。

　　股价震荡时往往是在一个价格区间内震荡，由涨转跌和由跌转涨都发生在两个固定价位附近，股价上行时碰触后由涨转跌的价位叫作压力位，股价下行时碰触后由跌转涨的价位叫作支撑位。本小节所说的形态的特点是当股价触及压力位时放出的成交量显著多于股价触及支撑位时放出的成交量。

　　股价上行时成交量放大主要是由于卖盘的增加，此时成交量放大的力度表明了卖盘增加的强度；股价下行时成交量放大主要是由于买盘的增加，此时成交量放大的力度表明了买盘增加的强度。

　　Tips：压力位量能明显大于支撑位量能说明压力位上方的卖盘显著多于支撑位下方的买盘，因此短期内个股下行突破支撑位的可能性较大。

　　来看看上柴股份（600841）的例子，如图11-3所示的上柴股份2017年8月1日分时图。首先上柴股份第一次跌到支撑位的时候放出的量能是很大的，但是之后几次触及支撑位的时候量能就在逐渐减小，而我们可以发现股价触及压力位

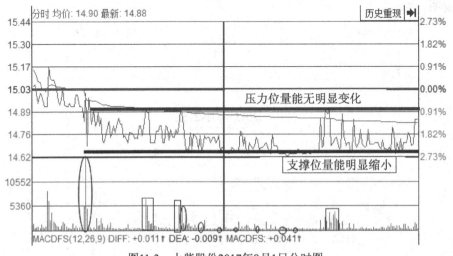

图11-3　上柴股份2017年8月1日分时图

时所放出的量能一直持续在一个较高的水平。在尾盘时触及压力位所放出的量能已经显著多于触及支撑位所放出的量能，这说明此时压力充足，支撑不足，短期内股价很有可能突破支撑位并继续下行。本案例中的上柴股份便是如此，如图11-4所示的上柴股份2017年5月至2017年8月期间日K线图，上柴股份的股价在8月1日之后几个交易日一直在下跌。

图11-4　上柴股份2017年5月至2017年8月期间日K线图

11.3　V形底＋脉冲式放量承接

V形底+脉冲式放量承接这一形态出现在分时图中往往预示着个股将由跌转涨。

V形底意味着股价快速下跌后又快速反弹，上行曲线和下行曲线的斜率都很大，下行曲线斜率大代表此时有大量的卖盘推动股价下跌，要止住这种强势的下跌必须要有不小的买盘承接；要使股价反弹就得需要很大的买盘；要使股价反弹后快速上涨，那买盘要非常大。也就是说，个股在分时图中能筑起V形底说明该股在某一时期爆发了特别多的买盘。

Tips：同时由于在筑V形底的时候买盘在底部要把推动快速下跌的大量卖

盘尽数消化，因此成交量会大幅放大，成交量柱会呈现出脉冲形态。

　　来看看上海临港（600848）的例子，如图11-5所示的上海临港2017年5月24日期间分时图。上海临港在2017年5月24日的分时图中出现了两次V形底，且两次都伴随着脉冲形放量，这充分揭示了下方承接的力度之大以及公众的买入意愿正在逐渐变强。如图11-6所示的上海临港2017年3月至2017年8月期间日K线图，伴随着在下方起到承接作用的买盘，该股由被动防守转向主动进攻，上海临港也自下行通道中走出，开启了强而有力的反弹，甚至最终反弹还演变为反转。

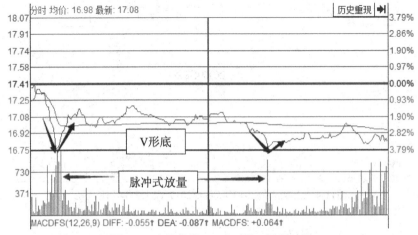

图11-5　上海临港2017年5月24日分时图

图11-6　上海临港2017年3月至2017年8月期间日K线图

11.4　跌停板开开合合 + 间歇性放量

跌停板开开合合+间歇性放量这一形态出现在分时图中往往意味着主力在借着跌停板吸筹。

只有大量资金集体买入的时候跌停板才会被打开，那么大量资金来自何处呢？跌停板在盘中打开一两次这可能是多空博弈的结果，但跌停板若是开开合合那一定是主力操控的结果。当个股封住跌停板的时候，委卖盘上往往挂了大量卖单，这些卖单对主力而言意味着什么呢？意味着筹码。

主力把跌停时推挤的大量卖单吃掉可以实现快速吸筹，但是主力吸筹太快的话跌停板就会被打开。跌停板打开后主力再继续吸筹就会推动股价上行了，因此这时候主力会停止吸筹甚至反手做空，散户看跌停板被打开寄希望于股价会反弹时忽然看到股价又有掉头向下的趋势，害怕股价再次封住涨停板导致自己无法卖出，于是会赶快挂卖单，卖单的增加又会推动股价下跌，主力把股价再次封在跌停板上。然后主力又开始借着跌停板吸筹，重复上述流程。

Tips：由于主力在跌停板吸筹时吸筹力度很大，吃掉了大量卖盘，因此成交量会间歇性放出。

来看看中毅达（600610）的例子，如图11-7所示的中毅达2014年12月22日分时图。2014年12月22日开盘后不久中毅达的股价便触及跌停，但很快就被打开，伴随着跌停板被打开的同时成交量也在大幅放出，这说明主力在此时大量吃货。跌停板打开后不久又立马回封，之后的走势也是。该交易日跌停板开开合合数次，且每一次都伴随着成交量大幅放出，这是明显的主力吸筹信号。

同时中毅达的主力借助跌停板吸筹还不止发生过这一次，在2014年12月29日又发生了一次，两日的分时图形态如出一辙。

由此可见，中毅达的主力正在积极收集筹码，当其吸筹完毕后主力必定会开始强势拉升，如图11-8所示的中毅达2014年12月至2015年4月期间日K线图，中毅达的主力在2014年12月22日和12月29日进行了两次跌停板吸筹，之后不久便开始快速拉升股价。

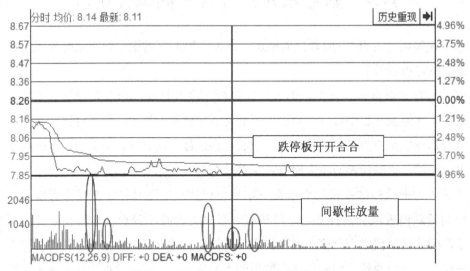

图11-7　中毅达2014年12月22日分时图

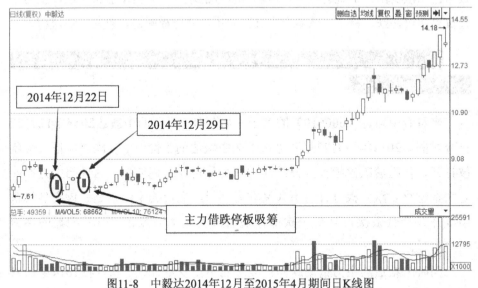

图11-8　中毅达2014年12月至2015年4月期间日K线图

11.5　无量触底反弹

无量触底反弹这一形态出现在分时图中往往是主力洗盘结束开始重新拉升的信号。

关于触底和反弹我们最常见的两种形态其实是放量触底反弹和无量触底止跌这两种形态，无量触底反弹却是不怎么多见。这是因为放量触底反弹和无量触底止跌的出现只要各自满足一个条件即可，而无量触底反弹的出现则恰好要同时满足他们两者的条件。

放量触底反弹是在下跌过程中多方力量增强把空方给击败了；无量触底止跌是因为空方力量后继不足了，所以股价跌不下去了；而无量触底反弹必须同时满足这两个条件。

Tips：只有多方力量大幅增加才能推动股价强势反弹，只有空方力量大幅减消，才能做到反弹时不放量。

一般来说，要同时满足这两个条件只有一种情况，那就是原先做空的主力反手做多，那么什么情况下主力会由做空转变为做多呢？洗盘结束后开始拉升的时候。

来看看和晶科技（300279）的例子，如图11-9所示的和晶科技2015年11月5日分时图。我们可以发现和晶科技此次反弹就是无量的，而且反弹时的涨势非常强劲，无量和涨势强劲都说明了此时多方力量比空方力量强很多，而原先和晶科技还处于下跌通道中，空方力量是强于多方力量的，怎么才一瞬间多空博弈形势就颠倒了呢？

只有可能是原先主力站边空方，现在改为站边多方了，由此我们可以判断这是主力洗盘完毕，重新开始拉升的信号。如图11-10所示，和晶科技在11月5日之前是下跌的，但是再往前看股价是在强势上涨的，结合11月5日的无量触底反弹就可以推断此前的下跌是主力的洗盘行为，在11月5日之后和晶科技的股价便开始重新上涨了。

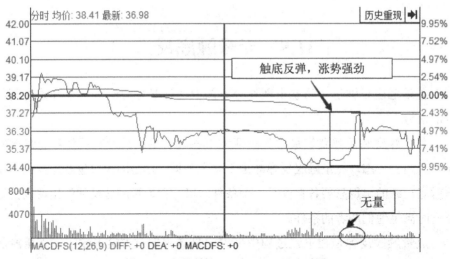

图11-9　和晶科技2015年11月5日分时图

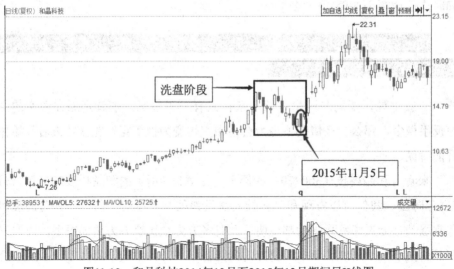

图11-10　和晶科技2014年12月至2015年12月期间日K线图

11.6　早盘无量下跌+盘中间歇性放量

早盘无量下跌+盘中间歇性放量这一形态出现在分时图中往往意味着主力在吸筹。

　　早盘无量下跌往往是主力在利用少量筹码打压股价，刚开盘时趋势未明，散户往往比较迷茫，往往选择顺应趋势而不会抵制趋势，因此早盘的时候打压股价受到的抵抗比较小，成交量不会放出。主力打压股价是为了诱空，当散户被早盘的快速下跌吓倒纷纷卖出后，主力就会趁着卖盘较多的时候大量吸筹，此时买盘和卖盘都很旺盛，因此成交量会突然放大。

　　先诱空然后吸筹是主力常用的一种策略，主力经常连续运用这种策略而不是只出现在早盘。只是因为早盘趋势未明，阻力较小，所以往往成交量不会放大且股价跌幅较深而已，在盘中主力也会去通过诱空吸筹，但看起来不如早盘那么明显。

　　Tips：诱空时成交量较小，吸筹时成交量较大，因此诱空和吸筹持续地进行必然导致分时图中成交量间歇性放大。

　　来看看喜临门（603008）的例子，如图11-11所示的喜临门2014年7月14日分时图。当日喜临门开盘后股价便无量下跌，随后在盘中间歇性放出巨量，完全符合本小节所说的形态。这说明此时喜临门的主力正在积极吸筹，等到主力吸筹完毕后，喜临门的股价必定会迎来大幅拉升。如图11-12所示的喜临门2014年6月至2015年3月期间日K线图所示，喜临门在2014年7月14日之后又经过了很长一段时间的吸筹，然后再经历了一轮洗盘之后，股价开始迅速拉升。

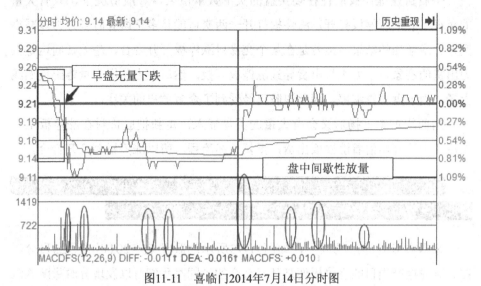

图11-11　喜临门2014年7月14日分时图

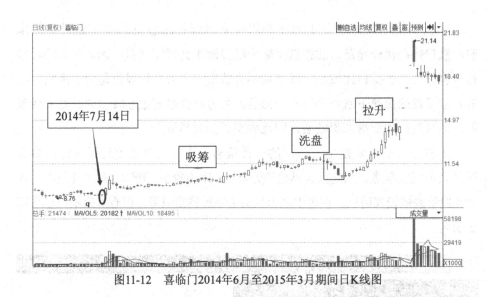

图11-12　喜临门2014年6月至2015年3月期间日K线图

11.7　涨停板开开合合 + 间歇性放量

涨停板开开合合+间歇性放量这一形态出现在分时图中往往意味着主力在借着涨停板出货。

个股封住涨停板后往往委买盘的买单数量巨大，一般情况下，只有大量的卖盘才能把涨停板打开，涨停板打开一两次可能是多空博弈时多方力量减小空方力量增加的结果，但若是在某个交易日涨停板开开合合，毫无疑问这是主力出货的迹象。主力大量出货导致涨停板开板，然后主力利用少量筹码使曲线上扬，由于盘中曾涨停，因此该股已经受到了众多散户的关注，

当曲线重新上扬后又会有大量的买盘涌入，重新把股价封在涨停板上。然后主力又开始借着涨停板出货，重复上述流程，所以涨停板会开开合合。

Tips：同时由于主力在出货时消化了大量买盘，因此出货时成交量会大幅放大，主力的多次出货，也使分时图中成交量呈间歇性放大。

来看看卧龙地产的例子，如图11-13所示的卧龙地产2011年9月23日分时图。卧龙地产当日的涨停板便是开开合合的，同时我们可以发现分时量随着涨

停板开开合合间歇性地大幅放出，这正是主力资金借机出逃的信号。

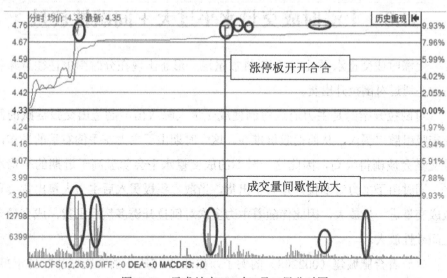

图11-13 卧龙地产2011年9月23日分时图

另外，从图11-14卧龙地产2011年7月至2011年12月期间日K线图中可以看出，2011年9月23日卧龙地产正处于下跌通道中，虽然中期跌幅较大，但这种涨停板开开合合并伴有间歇性放量的形态是鲜明的主力出货信号，所以伴随着主力出货股价势必继续下跌，切忌因为当日股价涨停就追涨买入。如图11-14所示，在2011年9月23日之后卧龙地产依然出现了一波快速下跌。

图11-14 卧龙地产2011年7月至2011年12月期间日K线图

11.8　上涨时成交量水平过大 + 间歇性放量

上涨时成交量水平过高+间歇性放量这一形态出现在分时图中往往意味着主力在通过对倒拉升出货。

对倒拉升指的是主力通过对倒使成交量大幅放出，制造出交投活跃的假象来吸引散户买入，从而把股价推高。这一时期由于主力左手倒右手的操作，成交量会被刷得很高，因此这一时期的成交量水平会明显高于近期的平均水平。同时由于主力对倒拉升是为了出货，当散户积极买入后主力大量出货会导致成交量进一步放大，因此伴随着主力多次对倒拉升诱多然后出货，成交量会呈间歇性放大。

来看看合肥城建（002208）的例子，如图11-15所示的合肥城建2017年3月1日分时图。在早盘的时候成交量间歇性放出，这是主力持续进行诱多后出货的标志。对比早盘和午盘的成交量，我们可以发现，早盘股价上涨时的成交量水平明显高于午盘的成交量水平，这说明主力在股价上涨时进行了大量对倒，而对倒就是为出货服务的。

还有一点要强调的是，当天股价是冲高回落的，从这个分时图看起来回落时的成交量很小，资金没有出逃多少，实际上回落时主力也在出货，成交量一点也不小，看起来小完全是因为早盘的成交量过大。

不知道大家有没有听过这样一个故事，有个老师在黑板上画了一条直线，问同学们有没有办法在不碰触它的情况下让它变短，同学们纷纷束手无策。这时候老师在这条线旁边画了一条更长的线说："这样它不就变短了吗？"长短和强弱都是对比出来的，其实从数据上来看当天股价回落时合肥城建的成交量一定都不小，只是表现在分时图上有了对倒时的超大成交量做参照，才显得小了。

Tips：这可以说是对倒出货给主力带来的额外的好处，分时图中看起来是无量下跌，让人误以为没有大资金流出的迹象。

以上种种都充分说明合肥城建的主力的出货意愿强烈，在主力的大量出货下股价必定下跌，如图11-16所示的合肥城建2017年1月至2017年5月日K线图，3月1日之后不久合肥城建就由于主力出货而导致股价大幅下跌。同时在图11-16中我们还可以发现3月1日放出的成交量是非常大的，这又是证明主力在此日出货的一条有力证据。

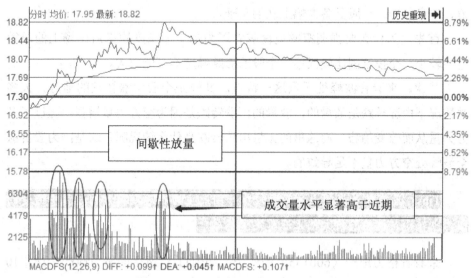

图11-15　合肥城建2017年3月1日分时图

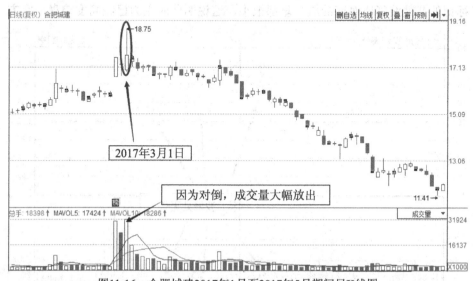

图11-16　合肥城建2017年1月至2017年5月期间日K线图

11.9 窄幅震荡时波峰处无量

窄幅震荡时波峰处无量这一形态出现在分时图中往往意味着主力已经吸筹、洗盘完毕，个股具备大幅上涨的基础。

首先，为什么要强调窄幅震荡呢？因为当主力高度控盘后市场上的浮筹已经较少，交投氛围比较低迷，个股的涨跌幅度不可能太大。

其次，来看看波峰处无量这一特点。波峰是个股由涨转跌的地方，大多数情况下由涨转跌是放量的，放量的由涨转跌是因为空方力量增强，强过了多方力量从而改变趋势。而这里的无量由涨转跌是什么情况呢？这是因为股价涨至波峰处空方力量不足导致的。

Tips：没有放量说明上方卖盘较少，因此主力在后期拉升的过程中遭受的阻力也较小，这给股价大幅上涨奠定了基础。

来看看格力地产（600185）的例子，如图11-17所示的格力地产2014年10月24日分时图。我们可以发现格力地产在当日分时走势便是窄幅震荡，图中所标记的几处波峰所对应的成交量都很小，这说明此时主力已经高度控盘，空方

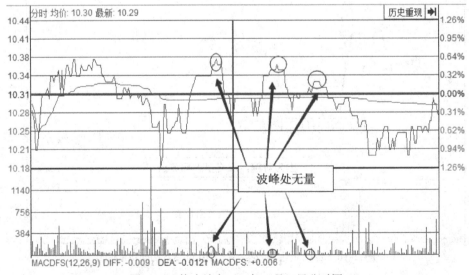

图11-17　格力地产2014年10月24日分时图

力量已经非常弱，主力拉升股价前需要做的一切工作都准备就绪，相信不久股价就会快速上涨。如图11-18所示的格力地产2014年8月至2014年12月期间日K线图，2014年10月24日之后格力地产的股价便开始快速拉升。

图11-18　格力地产2014年8月至2014年12月期间日K线图

11.10　大幅跳空高开＋放出巨量

大幅跳空高开+放出巨量这一形态出现在分时图中意味着主力正在出货，后市看空。

股价大幅跳空高开会给散户一种积极向上的预期，由于当股价高开的价格接近涨停价时，散户会积极地买入，因此股价大幅跳空高开时买盘是很旺盛的。

但是我们知道仅仅买盘旺盛成交量是不会很大的，只有买盘和卖盘都很旺盛成交量才会很大。而此时旺盛的卖盘来自何处呢？只有可能是主力出的货。

来看看江苏吴中（600200）的例子，如图11-19所示的江苏吴中2017年4月24日分时图。该交易日江苏吴中以16.03元/股的价格跳空高开，较前一个交易日收盘价大涨7.51％，众多散户怀着该股能封住涨停的预期而纷纷涌入，结果此时主力趁着买盘旺盛大量挂卖单，导致成交量大幅放出，股价也一度下跌。

从该成交日来看股价受跳空高开放出巨量的影响不大，但重要的是这一形态反映了主力有强烈的出货意愿，伴随着主力进一步出货，股价势必会大幅下跌。如图11-20所示的江苏吴中2017年1月至2017年7月期间日K线图，该股股价在2017年4月24日之后便开始快速下跌。

图11-19　江苏吴中2017年4月24日分时图

图11-20　江苏吴中2017年1月至2017年7月期间日K线图

11.11　V 形底部成交量萎缩

V形底底部成交量萎缩这一形态出现在分时图中往往意味着主力在震荡出货，后市看空。

一般情况下，由散户之间的博弈而形成的"V形底"的底部成交量必定是放大的，因为"V形底"的底部是趋势发生转变的节点，并且是从快速下跌到快速上涨这两种极强趋势的转变，所以在V形底的底部多空双方之间一定发生了激烈的交锋，而成交量应会大幅放出。

> Tips：那么什么样的情况V形底的底部成交量会萎缩呢？只有一种情况，在这一瞬间，空方力量突然大幅减小，多方力量突然大幅增大。

这种情况显然不是多空博弈的结果，只有可能是主力在这一瞬间突然由做空转为做多，那么主力为什么要这么做呢？主力原先会做空是因为主力在出货，出货时没掌握好力度会导致股价快速下跌，主力害怕会由此引来散户争相抛售，所以当股价急跌后主力会立马停止出货，并拉动股价快速上涨来诱多。

来看看太龙药业（600222）的例子，如图11-21所示的太龙药业2015年4月8日分时图。该分时图中多次出现V形底，且V形底部的成交量明显萎缩，这

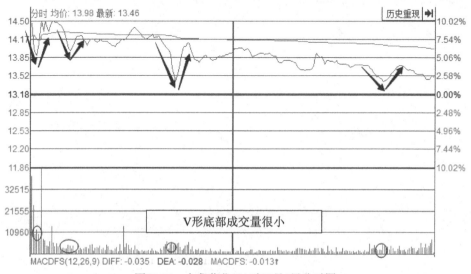

图11-21　太龙药业2015年4月8日分时图

正是主力在进行震荡出货的信号。主力出货势必导致股价下跌，如图11-22所示的太龙药业2014年12月至2015年4月期间日K线图，太龙药业在该交易日之后便开始进入下跌通道。面对这种情况，投资者宜卖股离场，保存收益。

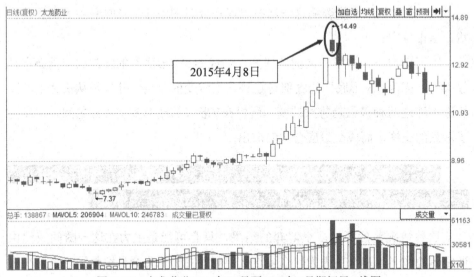

图11-22　太龙药业2014年12月至2015年4月期间日K线图

第12章

融会贯通，量价分析和其他
分析方法相结合

　　融会贯通是一种至高的境界。"融"指的是融合多种知识；"会"指的是领会其实质；"贯"把这些知识贯穿起来；"通"是指实现透彻的理解。量价关系是研究股票的一个非常重要的维度，但是股市中也不乏其他的优秀方法，将这些方法掌握并配合量价关系使用，往往能达到"1+1>2"的效果。在本章中我们来了解一下量价关系和消息面、均线、集合竞价和龙虎榜的结合运用。

12.1　量价关系与消息面相结合

12.1.1　从秋收起义开始谈起

　　1927年9月9日，在毛泽东的发动和领导下，湘赣边界"一声霹雳"，爆发了中国革命史上具有重要地位和作用的秋收起义。

　　观察同时期的起义，我们可以发现，大多数起义是以起义爆发的城市来命名的，如南昌起义、武昌起义，唯有秋收起义是以时间点来命名的，有没有想过这是为什么？这是因为这个时间点有着至关重要的意义，起义以前中共内部就对起义时间有过很多争论，最终在安源会议上确定为秋收之后。那么秋收之后这个时间点好在哪里呢？秋收之后农民刚刚收获了粮食，而统治阶级要来掠夺农民的粮食，这正是阶级矛盾激化的时候，也正是高举起义的大旗，号召工农队伍加入的最佳时刻。

　　纵观古今，爆发在秋收之后的起义远不止秋收起义，项羽领导的会稽起义、刘秀兄弟领导的舂陵起义等也都爆发在秋收之后，可见秋收之后是农民起义的多发阶段。因为起义军的领导者基于"天时、地利、人和"的考虑，选择了这样一个阶级矛盾激化的时间点。

这个世界的逻辑因果远比因缘际会更多。特定的时间发生特定的事，很多时候并不只是巧合，其中或许大有深意。比如古代犯人行刑有"秋后问斩"一说，那么问斩为何要选择在秋后？主要是考虑示警的作用，当时间斩强迫农民观看，为了不耽误生产，选在农活少的秋后。

Tips：现今的中国股市也是这样，很多大涨和大跌看似只是偶然发生，其实在那个特定的时间点存在着某些特定因素，它们促成了这些事件的发生。

好比主力出货，主力原先是随意出货，积攒了一定经验后，主力发现利好当天出货顺利，出货的成功率较高，在此之后主力就刻意选择在利好公布时出货。就好像毛泽东和刘秀将起义选在秋收之后一样，这些优秀的战略家往往很好地把握了"天时"，股市中每一个优秀的主力其实也是一个这样的战略家。

量价关系的作用在于捕捉主力动向，而主力行动时也会根据消息面来选择时机，因此我们将两者结合起来能够发挥出"1+1>2"的作用。

12.1.2　利好利空可以分为四种情况

利好和利空可以分为四种情况：从公众得知的时间角度来分，可以分为可提前得知的和不可提前得知的；从持续性角度来看，分为可持续的和不可持续的。

先来看看可提前得知的和不可提前得知的利好利空的区别。

很多重大会议的召开，重大节日庆典我们都是可以提前得知的，其次上市公司也会发布很多预告和预报之类的公告，因此上市公司很多相关的利好、利空也是可以提前得知的。而主力提前得知的话意味着他们可以结合利好利空的兑现来进行一些操作，主力选择在利好兑现时出货，在利空兑现时吸筹。就和毛主席选择在秋收时起义一样都是在顺应"天时"，《周易·系辞下》中有这样一句话"君子藏器于身，待时而动"。

相比可以提前得知的利好，不可提前得知的利好大多是些突发事件。比如突然发生洪灾对水利板块利好，阿法狗战胜李世石对人工智能板块利好，上市公司旗下的厂房突然发生火灾对该上市公司利空，国家突然宣布打算将北京的非首都职能都转移到雄安对相关板块利好，等等。这些事情都是我们无法提前得知的，而且主力也是无法提前得知的，这就让我们和主力站在了同一起跑线上。

Tips： 当突发性利好出现时我们和主力同时买入，我们和主力的持仓成本是接近的，这样就完全不存在主力借机出货而导致股价下跌的情况了。

同时要提醒大家一点的是，当突发性利空出现且利空很大的时候一定要及时卖出，不要犹豫。因为除非是主力不出货，只要主力一出货，大量的集中抛压必定导致股价暴跌，要等到那时候才卖出可就损失惨重了。

再来看看可持续的和不可持续的利好利空的区别。不可持续的利好利空的出现就像划着了一根火柴，只一刹那火花；可持续的利好利空的出现就像点燃了一根导火索，好戏还在后头呢。

利好利空可不可以持续要通过指标进行量化来判断，但是当其出现的时候我们根据以往经验很好判断。其实生活中也是这样，一个女孩迎面走来跟你说了声："你好！"你回了句："你好！"你们就擦肩而过了，并没有多大交集。但若是她看着你扭扭捏捏地跟你说："晚上来我房间。"你很清楚你们接下来会有惊心动魄的纠葛。

当一个利好出来，我们本能地意识到它可能还有后续利好跟着。比如2015年炒作得如火如荼的二胎概念，当国务院提出打算实行二胎政策的时候炒作就开始了，既然提出了要去实行，那么接下来国家肯定会有很多动作，伴随着相关法规一条条出台，二胎概念一次次被炒作，直到最大的利好兑现，二胎政策的炒作才结束。

雄安新区的概念也是一样，国家提出要建设雄安新区，发展绿色智慧新城，带动京津冀一体化，转移北京的非首都职能，但是，怎么建设，怎么发展，怎么带动，怎么转移，这些都要一步步来。伴随着新区的一步步建设，相关个股也会迎来一轮又一轮的炒作。现在是2017年8月，我可以断言，在今后的一年内，只要国家政策不变，A股一定是雄安新区的主场。

12.1.3　主力借利好出货、借利空吸筹的量价特点

主力的一个特点就是资金量大，资金量大的好处在于能够影响行情，但是资金量大也有坏处，资金量大的话必然面临"船大难掉头"的情况。

当主力出货时集中抛售很容易导致股价下跌，但是主力要的是高价出货，因此主力往往通过诱多来吸引跟风买盘之后才出货；当主力吸筹时大量的买单会把股价推高，但是主力要的是低价筹码，因此主力往往通过诱空来吸引跟风卖盘然后吸筹。然而诱空诱多都是有难度有风险的，如果有更容易的方法实现同样的目的就好了，结果真的被主力找到了方法。

> Tips：散户往往习惯在利好公布时买入，在利空公布时卖出，也就是说利好公布时下方买盘旺盛，利空公布时上方抛压充足，这就是天然的出货和吸筹的时机。

我们先来看看苏宁云商（002024）的主力借助利好出货的例子，如图12-1所示的苏宁云商2014年9月至2015年1月期间日K线图。首先为什么是2014年呢，因为那时候苏宁云商和电商板块的关联还很大，而不是像现在一样到处蹭热点，折腾得不知道自己算哪个板块好。我们可以发现在11月11日之前，主力就知道"双十一"即将到来，于是提前买入，等待利好兑现时才借着旺盛的买盘出货，直接导致了2014年11月11日股价不涨反跌，同时成交量放大。

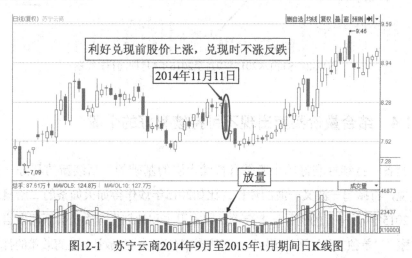

图12-1　苏宁云商2014年9月至2015年1月期间日K线图

我们再来看看ST山水（600234）的主力借助利空吸筹的例子，如图12-2所示的ST山水2015年9月至2016年4月期间日K线图。1月19日，山水文化（ST山水被特别处理前的名称）发布2015年业绩预告称，公司预计2015年度亏损1500万元，较上年亏损1091万元，亏损额进一步扩大。2月5日，公司股东东营国际金融贸易港有限公司及其一致行动人孙承飞在信息披露和股份买卖等方面存在违规事项遭到上交所公开谴责。

尽管利空连连，然而自1月29日以来，山水文化开始上涨，在短短9个交易日内，实现了连续5个涨停，涨幅111.62%。这一时期山水文化的股价能够不跌反涨全得益于主力在利空公布时大量吸筹，从1月29日成交量放大和随后的堆量上涨便可窥得一斑。

图12-2　ST山水2015年9月至2016年4月期间日K线图

12.1.4　结合量价买卖出现不可持续利好的个股

具备可持续性利好的个股是有持续上涨的基础的，后续新的利好一步步地出现，将掀起一波又一波的炒作。比如2015年炒作得如火如荼的二胎概念。

2015年4月举行的例行记者会上，国家卫生和计划生育委员会新闻发言人宋树立称"'单独二孩'不是句号"，表明国家有进一步开放计划生育政策的打算。

　　此后10月29日党的中共十八届五中全会决定："坚持计划生育的基本国策，完善人口发展战略，全面实施一对夫妇可生育两个孩子政策。"

　　11月10日，国家卫生计生委副主任王培安在国新办新闻发布会上称："二孩政策实施需要全国人大修订《人口与计划生育法》和相关的配套措施。"

　　12月21日，全国人大常委会第十八次会议审议《中华人民共和国人口与计划生育法修正案（草案）》。

　　结合图12-3二胎概念指数2015年3月至2016年5月期间日K线图我们可以发现，二胎概念的炒作从2015年4月开始，其间伴随着上市利好的公布，二胎概念迎来一轮又一轮的炒作。同时还可以发现，在最终的利好兑现，2016年元旦二胎政策落实之后二胎概念再也没走出像样的行情（2016年1月1日非交易日，在图中标记的是2015年12月31日）。这是因为最终利好的兑现，意味着利好出尽，原先可持续的利好现在变得不可持续，也失去了持续炒作的价值。

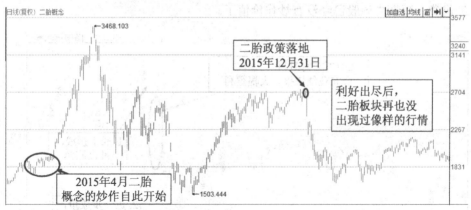

图12-3　二胎概念指数2015年3月至2016年5月期间日K线图

　　Tips：当可持续性利好出现之后我们有很多的买点，哪怕没赶上本轮上涨在股价回调后买入静待下一轮炒作的开启也是可以的，只要不是在利好出尽后买入都有利可图。

　　那么反过来说是不是买入不可持续的利好的个股就无利可图呢？并不是，只是相对而言投资时要小心谨慎一点。因为当大盘走势不好的时候，市场人气低迷，利好的影响会随着时间慢慢变淡，所以不可持续的利好突然公布后，主力有可能会选择在当日涌入，次日就出货。

因为大多数散户都不会时刻去盯盘，他们往往都是通过收盘后新闻报道"某某事件导致某某股票大涨"才得知消息，所以散户很难做到在事件发生首日买入。而如果在次日买入的话，由于A股的"T+1"交易制度，若赶上主力出货受到的打击会非常大，因此我们在买入前一定要小心甄别主力有没有出货。怎么甄别？

来看看苏宁云商（002024）的例子，如图12-4所示的苏宁云商2017年5月至2017年8月期间日K线图。2017年7月31日苏宁云商发布业绩快报，公告苏宁云商上季度实现净利2.92亿元，同比增长340%，这是一利好，并且是不可持续的利好。受此利好影响，当日苏宁云商有大量资金涌入，股价涨停，成交量放大。但是次日K线的上影线较长，成交量进一步放大，上影线较长说明股价冲高回落，成交量进一步放大说明多空分歧大，两者结合就可以推断出主力已经出货，短期内该股已经没有炒作价值了。

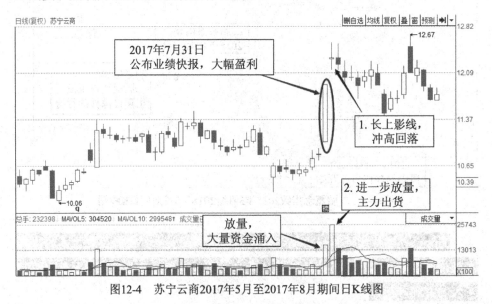

图12-4　苏宁云商2017年5月至2017年8月期间日K线图

总体来说，我们要判断不可持续的利好可不可"追"，必须关注次日的成交量和K线形态。如果次日的成交量水平接近甚至超越前一日水平，且K线上影线较长的话，那么不用说，这是主力在出货了。而如果次日成交量相较利好公布日大幅缩小的话，我们可以判断主力没有出货，这时候我们可以考虑买入了。

但是我要提醒各位的是：一定要在缩量当日买入，千万不要等到下一个成交日。因为成交量缩小只能表明主力没有出货，但不意味着主力会继续拉升股价。

Tips：若主力选择在下个交易日出货，而你又在下个交易日买入，由于"T+1"交易制度，只能完整吃下这波下跌。而若是在缩量当日买入，下个交易日若见形势不对可以立马抛售股票，可进可退，游刃有余。

因此，在次日开盘后对前一日有突发利好公布且放量上涨的个股保持高度关注，若临近收盘成交量相较前一个交易日仍大幅缩小，那可以考虑在收盘前买入。

12.2　量价关系与均线相结合

12.2.1　均线究竟反映了什么

很多分析师都会大谈均线形态，但只有极少数人才看透了均线的本质和那些均线形态背后的逻辑，也只有这些看到本质和逻辑的人们才能在风言风语中选出真正有用的均线形态，并运用好它们。

先来说说均线所代表的意义。首先N日均线上的某个点反映的是该股自此往前N个交易日股价的平均值，那么我们来假设一种情况，假设该股每天都只成交了一手，那么N天一共有N个股民以不同的价位买进，那么此时的N日均价其实等于这N个股民持仓价格的平均值。当然这只是我假设的一种极端的情况，但是由此可以看出均线的一个意义就在于它反映了股民的平均持仓成本。

Tips：由此我们的推理可以更进一步了，主力在吸筹阶段是以买入为主的，因此个股若是有主力操盘的话，合适的周期均线其实反映了主力的持仓成本。

综上所述，均线有如下两大意义。

（1）在任何时候都代表了散户的近似平均持仓成本。

（2）在主力吸筹阶段代表了主力的近似持仓成本。

根据均线的这两个意义，将它和量价关系结合起来便能产生一些新的应用。

12.2.2　借助均线预测行情的逻辑在哪里

我们只说了均线有两大意义，但是还没说为什么均线有这两大意义就能用它来预测行情。

首先看第一点，均线在任何时候都代表了所有股民的近似平均持仓成本。我们能够运用这一点来预测行情的逻辑在于散户持股都具备两个共性。

第一个共性是：股价上涨的时候散户往往不会卖，因为他们贪；当股价小幅下跌的时候他们也不会卖，因为他们之前盈利了，抵抗风险的能力较强。他们总是想当然地认为股价短期回调后会继续上涨的，而等到股价跌到他们的持仓成本的时候，他们开始卖了，这是因为人的一种保本心理。

> Tips：结合这个特性我们可以判断当股价自高位回落，下穿中期均线时，因为股价跌破了很多股民的持仓成本，这时候的抛压肯定很大，股价很可能进一步下跌。

第二个共性是：股价刚下跌的时候，部分追随趋势的散户会卖出；当股价大跌后散户往往不再卖出，因为他们不忍心"割肉"，舍不得"沉没成本"。然而股价一反弹，散户们又开始卖出，因为他们已经对行情反转失去信心了，只想少亏点出局。正因如此，超跌个股自底部开始上涨的过程中往往会遭受很大的抛压，只有这些抛压被消化后股价才能持续上涨。

> Tips：那么这些抛压什么时候才会被消化掉呢？当股价重新超越大多数股民的持仓成本，即股价上穿中长期均线的时候。

再来看第二点，均线在吸筹阶段代表了主力的近似持仓成本。主力在吸筹时是不会把股价大幅拉离自己的持仓成本的，只有在拉升开始时才会这样。正因为如此，在主力操盘的情况下，个股由横盘转入上涨，且股价上穿中长期均线，往往预示着股价会进一步上涨。

通过上文的讲解相信大家都明白了，我们通过均线来预测后市走势的逻辑在哪里了。接下来就是实际应用，但是由于均线只能近似地反映散户和主力的持仓成本，因此仅仅依靠股价上穿或下穿均线来判断行情是不够的，在实战中最好能结合量价关系。

12.2.3　均线和量价关系结合运用的具体方式

在前一小节中一共介绍了三种均线形态。

（1）股价冲高回落后下穿中长期均线，股价将继续下跌。

（2）股价超跌反弹后上穿中长期均线，股价将继续上涨。

（3）有主力操盘的个股由横盘转入上涨，股价上穿中长期均线，股价将继续上涨。

那么这三种均线形态该配合什么样的量价形态才能发挥作用呢？我们一条一条来看。

首先来看第一条，股价冲高回落后下穿中长期均线，这种形态出现后股价会继续下跌的原因在于股价跌破持仓成本后原先盈利的散户会大量抛售，散户大量抛售反映到量价关系上就是一根放量大阴线，所以完整的形态应该是股价冲高回落后以一根放量大阴线下穿中长期均线。具体解析可参见10.10节。

然后来看第二条，股价超跌反弹后上穿中长期均线，这种形态出现后股价往往会继续上涨的原因在于股价在成本以下的反弹往往会承受着上方套牢盘的巨大压力，而股价能够重新超过股民的平均持仓成本，说明此处大量的套牢盘已被消灭，股价继续上涨将畅通无阻。也正是因为此时有大量套牢盘被消灭，所以成交量必然放大，具体解析可参见9.11节。

最后来看第三条，有主力操盘的个股由横盘转入上涨，这种形态出现后股价往往会继续上涨的原因在于主力在吸筹时不会把股价拉离持仓成本，只有拉升时候才会。但是为了避免吸筹阶段的某种巧合所以我们要给它加一个限定，那就是必须大幅上涨，此时的K线是一根长阳线。

Tips：套牢盘有一个特点，它不会被主力打压洗盘洗出去的，只有股价上涨了套牢盘才会抛售。

因此当股价上穿中长期均线时会遭遇一次集中抛售，成交量水平是较高的。总体来说，这种形态一共要满足以下几个特点：有主力操盘、横盘转涨、放量长阳、上穿中长期均线，具体解析可以参见9.10和9.11两节。

12.3 量价关系与集合竞价相结合

12.3.1 什么是集合竞价，主力如何借助集合竞价操盘

A股的正式开盘时间是上午的9：30，然而由于集合竞价的存在，真正的博弈在9：15就开始了。

所谓集合竞价是在当天还没有成交价的时候，根据前一天的收盘价和对当日股市的预测来输入股票价格，而在这段时间里输入计算机主机的所有价格都是平等的，不需要按照时间优先和价格优先的原则交易，而是按最大成交量的原则来定出股票的价位，这个价位被称为集合竞价的价位，而这个过程被称为集合竞价。

集合竞价分为三个时段：9：15—9：20、9：20—9：25和9：25—9：30，每个时段有不同的规则，很多时候主力便是利用了这种规则来为自己操盘做一些小动作，我们先来看一下这三个时段的交易规则。

（1）9：15—9：20。这五分钟开放式集合竞价可以委托买进和卖出的单子，同时也可以撤单。正因为可以撤单，所以在这一阶段看到的匹配成交可能是虚假的，很多主力会通过大量资金来控制集合竞价的价格，但是如果不想增加筹码的话，他们一定会在9：20之前撤单。

（2）9：20—9：25。这五分钟开放式集合竞价可以委托买进和卖出的单子，但不能撤单，有的投资者认为他已撤单就完事了，事实上这五分钟撤单是无效的。

（3）9：25—9：30。这个时段的交易规则就是不交易，交易中心的电脑在这五分钟里可接收买卖委托和撤单，但不受理，一直累积到9：30正式开盘按时间优先原则和数量优先原则统一受理。

通过以上三个时段不同的交易规则我们可以发现，对主力而言最具可操作性的是既可以挂单也可以撤单的9：15—9：20这个阶段。

Tips：由于集合竞价是依据最大成交量的原则来定出股票价位的，因此主力只要在9：15—9：20用某个价位挂大单就能把股价拉升或打压到那个价位的位置，而主力只要在9：20之前撤单就不会成交。

据我总结，主力对集合竞价的主要利用方式有以下三种。

（1）诱多。主力在9：20之前用大单将个股股价拉高，在跟风散户增多后撤单，并反手做空。

（2）诱空。主力在9：20之前用大单将个股股价打低，在跟风散户增多后撤单，并反手做多。

（3）试盘。主力在9：20之前用大单把股价控制在涨停，感受一下此时的多空力量对比，若是此时空方力量薄弱，主力就不撤单，直接封住涨停板；若是抛压较多，主力就撤单，等到抛压被消化后再拉升。

要补充说明的是，这只是深市和沪市都有的盘前集合竞价，深市还有其特有的盘尾集合竞价，深市股票在收盘14：57—15：00是收盘集合竞价时间，但是由于这3分钟不能撤单，对主力而言没什么可操作性，因此影响不大，在此我们也不去讨论它。

12.3.2　主力利用集合竞价诱多、诱空的量价特点

主力通过集合竞价来诱多、诱空指的是主力通过在9：15—9：20之间大量挂单，把集合竞价的价格控制在自己想要的价位，达到吸引散户跟风的目的

之后就把挂的单子撤掉。

当然通过集合竞价诱空、诱多最好的结果是撤单之后那些跟风的单子依然能够把原先主力刻意制造的价位稳住，其实这种跟风单能把股价稳住的情况是我们常见的高开低走出货和低开高走吸筹的情况。更极端一点的是涨停板出货和跌停板吸筹的情况。

但是因为主力在9：20之前必须要撤单，所以很多情况下主力刻意制造的集合竞价的股价是稳不住的，但是稳不住也没关系，依然能够达到诱空诱多的目的。

> Tips：拿诱多来说，散户看到某股在集合竞价的时候曾达到的高位，再看现在的股价就会产生一种跟在超市看到商品打折一样的感觉，会更倾向于买入，因此诱多的目的也能达到。

来看看北京文化（000802）主力诱多的例子，如图12-5所示的北京文化2017年5月至2017年8月期间日K线图。2017年7月底的时候《战狼2》票房超预期，作为《战狼2》的联合出品方、保底发行方和宣发主控方的上市公司北京文化也备受关注。在此期间北京文化股价大幅上涨，同时我们可以发现这一阶段的成交量也非常大，说明有游资、机构等主力进入该股的。

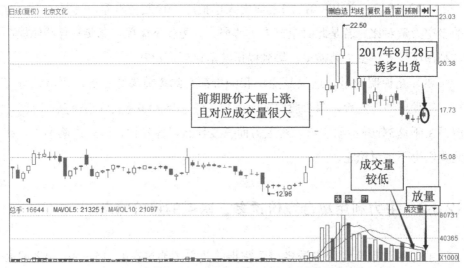

图12-5　北京文化2017年5月至2017年8月期间日K线图

　　主力进了之后自然也要出，北京文化后来的走势处处透露出了主力出货的痕迹，但是在图中标记的主力诱多的前几个交易日的成交量是较小的，说明此时的买盘已经不足了，这是不利于主力出货的，所以主力会在此后进行诱多。

　　这次便是利用了集合竞价来诱多，我们来看看北京文化的主力具体是怎样做的，如图12-6所示的北京文化2017年8月28日分时图。首先主力利用大单把集合竞价的价格控制在涨停价，然后主力不得不在9：20之前撤单，撤单后股价跌落下来。

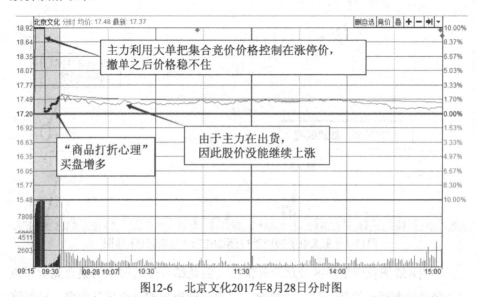

图12-6　北京文化2017年8月28日分时图

　　尽管股价没办法稳住，但是诱多的效果已经达到了，很多散户处于一种类似于在超市看到商品打折的心理而买入，集合竞价后期股价被推高正说明了这一点。但是开盘后由于主力出货，因此股价没能借着这个势头继续上涨。

　　再来看看积成电子（002339）的主力诱空的例子，如图12-7所示的积成电子2017年3月至2017年8月期间日K线图。这一阶段积成电子的股价经历了大幅下跌后在相对低位横盘，在横盘期间表现出了"红肥绿瘦"的量价特点，这正是主力吸筹的标志。

　　在吸筹阶段诱空吸筹是主力常用的手法，2017年8月28日积成电子的主力是在诱空吸筹，该交易日成交量放大，但是股价却没有单向运动，而是近乎横盘，这说明了此时成交量放大是因为多空双方力量同时增强。

个股处于横盘阶段多空双方力量同时增强只有两种可能：

第一种可能，交投氛围变活跃，整个市场内的多头和空头同时变多。

第二种可能，散户形成某种风气后主力逆着这种风气操作，比如散户整体看多的时候主力做空，散户整体看空时主力做多，这种情况下多空双方力量也是在同时增加的。

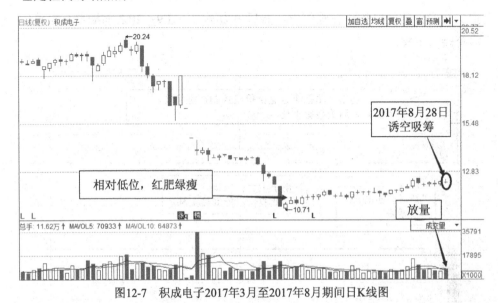

图12-7　积成电子2017年3月至2017年8月期间日K线图

单看K线图我们很难区分这两种情况，但是结合分时图中的集合竞价特点可以轻易地判断出这属于第二种情况，主力逆着散户的看空风气做多，同时这种风气还是主力引诱散户形成的。如图12-8所示的积成电子2017年8月28日分时图，我们可以发现，积成电子的主力先通过挂大单打低集合竞价的价格，给散户造成了一种今日股价会下跌的错觉，随后主力撤单，原先的价格稳不住了，但是散户的这种错觉依然存在。

> **Tips:** 从集合竞价后期和开盘后的股价下跌可以看出主力诱空的目的已经达到了，而盘中股价没有继续下跌则是因为主力在趁着卖盘较多默默吸筹。

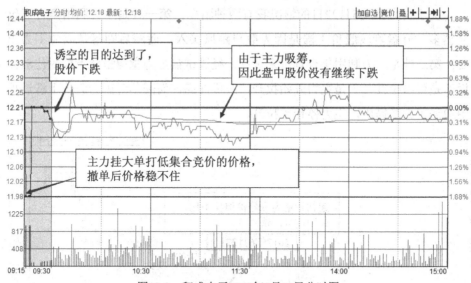

图12-8 积成电子2017年8月28日分时图

12.3.3 主力借集合竞价试盘的量价特点

主力拉升股价时最害怕的是在某个价位突然遭受巨大抛压，当主力感觉上方可能有大量抛压的时候往往会进行试盘，最常用的试盘方法是小心翼翼地拉升，一步一个台阶，一感觉抛压增多就罢手，若感觉毫无压力便加快速度。但最高明的试盘方法其实是通过集合竞价来试盘，利用集合竞价不用花费一分钱就能达到试盘的目的。

主力9：20前用大单把股价控制在涨停板位置，然后去感受此时的多空力量对比，若是空方力量很弱，那么主力可以考虑在此后进行拉升，甚至在空方力量很弱的情况下，主力索性不撤单了，直接把涨停封住，把试盘变为实盘；但是若此时空方力量很强的话，主力一定会选择撤单，整军再战。

来看看科大讯飞（002230）的例子，如图12-9所示的科大讯飞2017年3月至2017年8月期间日K线图。2017年6月22日，科大讯飞的主力便利用集合竞价进行了一次试盘，集合竞价前期，股价被主力用大单封在了涨停板上，但后来明显是主力撤单了，股价没稳住，最终该交易日近乎平开，但是开盘后股价快速上涨，随后冲高回落。

关于科大讯飞6月22日的情况我有两种猜想，第一种是主力利用集合竞价来诱多，开盘阶段股价上涨是因为散户跟风买入，而随后回落是因为主力出货；第二种是主力利用集合竞价来试盘，经过试盘主力觉得虽然不能封住涨停板但是可以拉升，于是主力开始拉升，股价冲高，而回落时因为股价上涨过程中遭遇了大量抛压，主力停止了拉升。

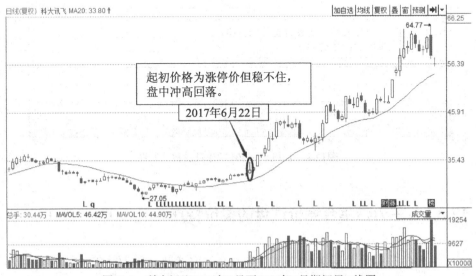

图12-9　科大讯飞2017年3月至2017年8月期间日K线图

但是根据分时图，我很快就判断这是第二种而不是第一种情形。如图12-10所示的科大讯飞2017年6月22日分时图，首先盘中最高涨幅达到7.68%，如果仅仅是依靠多空博弈很难实现这么大的涨幅。

其次我们可以发现，股价在上涨过程中成交量是大幅放出的，如果是散户跟风买入而遭遇主力如此强劲的出货，涨势一定难以为继。真实情况刚好相反，是主力在顶着抛压快速拉升。

Tips：看图中标记的阶段可以发现，股价直线拉升，成交量大幅放出，这明显是多方力量突然大幅增加的形态。

结合这些我判断科大讯飞这次集合竞价涨停开板的情况一定不是第一种情况，很有可能是第二种情况。为了避免股价运行中的某种巧合，我没有立马买入，而是等到6月26日股价大幅上涨，我的观点进一步得到确认后才大量买入，而后市走势也确实证明了我的判断没错。

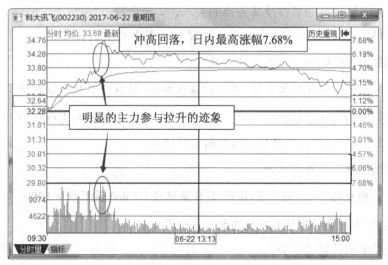

图12-10　科大讯飞2017年6月22日分时图

注：以前的分时图是显示不了集合竞价，只有当天的可以。

12.4　量价关系与龙虎榜相结合

12.4.1　龙虎榜是什么，上龙虎榜意味着什么

"龙虎榜"这个词首次出现在贞元八年，当年的一场科举考试中数人同时及第，当时的人们将这些及第的人记录在榜，这个榜在当时被称为龙虎榜。据《新唐书·欧阳詹传》记载："举进士，与韩愈、李观、李绛、崔群、王涯、冯宿、庾承宣联第，皆天下选，时称'龙虎榜'。"在当时龙虎榜就成了这样一个记录文人志士、风流名家的榜单。

古代的龙虎榜如同现在的福布斯排行榜、胡润百富榜等，而现在"龙虎榜"这个词则用来特指股市中受主力追捧的个股的榜单。

我们来看看沪深交易龙虎榜的上榜条件：当个股出现下列情形之一的，证券所将分别公布相关证券当日买入、卖出金额最大的五家会员证券营业部或交易单元（机构）的名称及其各自的买入、卖出金额。

（1）当日收盘价涨跌幅偏离值达到±7%的各前五只证券

收盘价涨跌幅偏离值的计算公式为：

收盘价涨跌幅偏离值=单只证券涨跌幅-对应分类指数涨跌幅

证券价格达到涨跌幅限制的，取对应的涨跌幅限制比例进行计算。

（2）当日价格振幅达到15%的前五只证券

价格振幅的计算公式为：

价格振幅=（当日最高价-当日最低价）/当日最低价×100%

（3）当日换手率达到20%的前五只证券

换手率的计算公式为：

换手率=成交股数/无限售条件股份总数×100%

（4）连续三个交易日的涨幅偏离值累计达20%的前五只证券

收盘价涨跌幅偏离值、价格振幅或换手率相同的，依次按成交金额和成交量选取。

无价格涨跌幅限制股票（如新股票发行上市），若出现异动，证券所也将公布其当日买入、卖出金额最大的五家会员证券营业部或交易单元（机构）的名称及其各自的买入、卖出金额。

能够上榜龙虎榜的个股都是短期内受到市场主力追捧的个股，我们结合某股在某日上榜龙虎榜的事实，从主力动向角度去分析那段时间的量价关系会有奇效。

12.4.2　数日上龙虎榜的个股的量价买卖信号

一只股票受到资金追捧的时候很容易满足这四个上榜条件之一：当日收盘价涨跌幅偏离值达到±7%、当日价格振幅达到15%、当日换手率达到20%、连续三个交易日的涨幅偏离值累计达20%，从而登上龙虎榜。

Tips：因此若某只股票在某段时间内数次登上龙虎榜，足以说明该股受到资金极大的关注，这只股票股价的短期波动较大且有迹可循，非常适合短线套利。

来看看方大炭素（600516）的例子，如图12-11所示的方大炭素2017年5月至2017年8月期间日K线图。方大炭素在2017年的7月、8月曾4次上榜龙虎榜：2017年7月7日因为连续3个交易日的涨幅偏离值累计达20%而上榜，2017年7月25日因为当日价格振幅达到15%而上榜，2017年8月4日因为当日价格振幅达到15%而上榜，2017年8月16日因为当日收盘价涨跌幅偏离值达到7%而上榜。

图12-11　方大炭素2017年5月至2017年8月期间日K线图

在方大炭素这一段时间中我们有两次很好的买卖机会。第一次机会出现在方大炭素于2017年7月25日第二次上榜龙虎榜之后，为什么这么说呢？因为我们可以发现个股能上榜龙虎榜主要得益于大量资金的流入和流出，7月7日和7月25日的上榜便是由于资金大量流入，8月4日和8月16日上榜便是由于资金大量流出。而方大炭素两次因为资金流入上龙虎榜，说明此时潜伏在该股里的游资和机构已经较多，这就是股价继续上涨的基础，于是下一个交易日我们果断买入。

但是我们究竟该在何时卖出呢？按理说由于机构和游资要出货必然会导致成交量大幅放大，因此在成交量大幅放大的时候卖出最准确。但是说是这么说，等到实施的时候就会发现这种做法着实鸡肋。

如图12-12所示的方大炭素2017年8月4日分时图，通过图12-12我们可以发现，成交量是伴随着股价快速下跌而放出的，也就是说，只看K线图的话，等你发现放量，股价已经跌去很多了，所以卖点还要通过分时图来找。

在图12-12中，方大炭素下跌过程中成交量是在不断放大的，说明下方承接较多，面对大量承接，方大炭素的跌势没有趋于缓和，可见主力出货的坚决。既然主力都开始坚决出货了，那么我们也没有留下来的意义，最终的卖点是在下跌途中，没办法做到先知先觉地在下跌前卖出，但也不至于在日K线图显示放量，浮盈大量减少后才卖出。

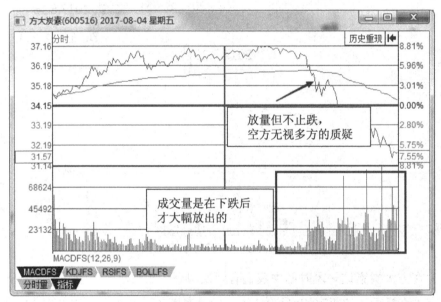

图12-12　方大炭素2017年8月4日分时图

上面说的只是第一次获利机会，数日上榜龙虎榜的个股还有第二次获利机会，这次机会出现在游资和机构开始出逃之后。

游资和机构出逃意味着大量资金涌出，而大量资金涌出必定会导致股价下跌，股价下跌必定导致空头失去信心，空头失去信心必定导致买盘减少，买盘减少必定导致游资和机构接下来的出货困难。

Tips： 因此游资和机构为了更好出货在买盘减少后一般会来一个拉升诱

多，吸引跟风盘，待买盘增多后再继续出货。

而我们要赚的就是这段拉升，那么我们的买点在哪里呢？我说了买盘减少机构和游资才会拉升诱多，因此买点就是在买盘萎缩之后，那么买盘萎缩有什么表现呢？买盘萎缩表现为成交量水平低。这样一来买点就很清晰了，继续看图12-11，方大炭素在8月16日后伴随着股价下跌成交量也在缩小，结合成交量水平较低这一点我认为买点快要出现了，于是在次日股价下跌反弹后便大胆买入。

接下来看看卖点如何寻找。其实第二次获利机会的卖点很好找，只需要记住四个字"见好就收"，因为此时出货才是主旋律，拉升只是为了诱多，所以拉升是不会持久的，我们要做到见好就收，严格执行短线交易规则，切忌长时间持有。

Tips：一般这种诱多的情况主力只会拉升一次，可能有三种情况：（1）当日拉升，次日出货；（2）当日拉升，当日出货；（3）当日高开，直接出货。

方大炭素这里就属于第一种情况。图12-11中所标记的2017年8月16日的前一个交易日，方大炭素盘中是一度涨停的，如此强劲的涨势就是在为次日大手笔出货服务的，因此哪怕股价涨停了，我们也要抵制住人性中的贪婪，坚决卖出。

12.4.3　个股上龙虎榜后次日缩量

上榜龙虎榜最常见的情况其实是游资的"一日游"。能够满足四个条件之一的：当日收盘价涨跌幅偏离值达到±7%，当日价格振幅达到15%，当日换手率达到20%，连续三个交易日的涨幅偏离值累计达20%个股大多数是受到游资追捧的个股。游资的特性在一个"游"字上体现出来了，游资就像多情的浪子，绝不会在一只股久驻的。

Tips：上榜龙虎榜会让个股更受关注，因此次日会有大量散户追涨这些个股，然后游资一般会借着大量的买盘出货，完成"一日游"。

比如御银股份（002177）就是这样，如图12-13所示的御银股份2017年5月至2017年8月期间日K线图。2017年8月15日御银股份因日涨幅偏离值达7%上龙虎榜，结合放量上涨且阳线实体很长来看，当日有大量游资进入御银股份。但是我们可以发现，下一个交易日的成交量放得更大，远远超过了之前水平，同时当日涨停曾被打开，这些都是游资出逃的迹象。由于游资的离场，此后股价便开始连连下跌。

图12-13　御银股份2017年5月至2017年8月期间日K线图

但是并不是所有游资都会在次日离场的，有时候有些游资由于流入的资金太多，在上榜后的下一个交易日想离场却没离场成功，这时候他们就会在下下个交易日离场，下下个交易日的股价就可能高开或者在早盘拉升，若我们在其前一个交易日即上榜后的下一个交易日入场就能够成功套利。

Tips：这种套利机会叫作"找胖子"，因为胖子有两个特点长得胖和跑得慢，对应过来长得胖是说个股上榜龙虎榜当日成交量特别大，跑得慢是说次日成交量较小，根本不够支撑游资离场的。

来看看达意隆（002209）的例子，如图12-14所示的达意隆2017年5月至2017年8月期间日K线图。达意隆在2017年8月4日因为日涨幅偏离值达7%上龙虎榜，8月4日的成交量大幅放出说明该交易日有大量游资涌入，而下一个交易日即8月7日成交量却大幅缩小，通过比较这两日的成交量我们可以判断8月7日游资是没有逃离或者逃离未成功的。这就给我们提供了一个套利机会：在8月7日尾盘买入，然后在8月8日早盘卖出。

　　为什么要在8月7日的尾盘买入呢？因为只有到邻近尾盘我们才能确保当日的成交量是大幅缩小的。

　　为什么要在8月8日早盘卖出呢？因为8月7日游资没能逃离或没逃离成功，必定会在8月8日再次出逃，游资出逃时一般会来一个高开或者早盘急拉升，但是高开之后就是低走，急拉之后就是回落，所以我们要在早盘卖出。

　　达意隆在8月8日开盘后便快速拉升，涨幅超过五个点后才开始回落，我们用"找胖子"的方法在达意隆上实现了一次轻松的套利。

图12-14　达意隆2017年5月至2017年8月期间日K线图

做有逻辑的技术分析

我们发现古今中外大多数封建统治者在学术方面都有一个共同点——推崇虚无缥缈的学科，抵制逻辑精密的学科。西方有占星术，东方有玄学，西方有星盘星座，东方有生辰八字。我们不禁要想，这是为什么呢？统治者为什么偏爱这些虚无缥缈的学科呢？这是因为封建统治者想要巩固自己的地位就得愚弄大众，他们可以说"朕乃紫微下凡""占卜大臣夜观星象，认朕为真命天子"，但他们总不能说"因为1+1=2所以我要当皇帝"吧。

封建统治者正是看准了人民的认知缺陷，利用这些模棱两可、虚无缥缈的学说来愚弄国民。我们现在的很多证券分析师不也在做同样的事情吗？

一位著名的股评家朋友曾私底下对我说过："证券分析师是这个世界上最会说废话的一群人。证券分析师会在话里运用大量专业术语和理论，但不会透露出明确指向，因为只要是指向就有可能出错。"当时我十分惊讶，问道："那如果有人问你那种指向明确的问题呢？比如问你一加一等于几？"

我这位朋友狡黠一笑，"我会告诉他：'我认为一加一等于二以外的任何数，但我也不排除它等于二的可能！'。"我无言以对。

通过研究历史我们可以发现，玄学在古代很有市场，比如陈胜吴广借狐仙造势，刘邦斩白蛇起义，曾国藩母亲怀孕时梦见巨蟒入怀，上官婉儿母亲临盆时梦见巨人送来一杆秤，丰臣秀吉梦日而生……而到了近代我们发现几乎没有人再去相信这些虚无缥缈的传说，袁世凯称帝时为了给自己造势，在自己的浴缸里放入一片金鳞，希望别人认为这是自己洗澡时掉下的鳞片，从而相信自己是金龙化身，结果这件事在当时成了笑柄。

这是为什么呢？因为古时候民智未开，人民好糊弄，而近代众多文人志士开始宣传民主科学，民众的认知提高到了一个新的层次，封建统治者的那套忽悠已经不管用了。现在股民对技术分析的认知就处在一个民智未开的时候，因此才会受很多所谓"专家"的忽悠，而我写作本书的目的之一就是要帮助大家理性地认识技术分析，即"开民智"。只有认识到技术分析科学性的一面，才有可能做到持续稳定地盈利。

我在本书中特别强调技术分析的逻辑，这和我多年来沉浸于推理小说有很大的关系。大侦探福尔摩斯曾对搭档华生说过："犯罪是普遍的，而逻辑是难得的东西。因此，你详细记述的应该是逻辑而不是罪行。"把这句话套用到技术分析上来就是："技术形态是普遍的，而逻辑是难得的东西，你详细记述的应该是逻辑，而不是技术形态。"福尔摩斯之所以能侦破无数案件，不是因为所有犯罪的类型他都见过，而是他一直在积累案件中的逻辑；炒股高手能很好地把握涨跌，不是因为他们记住了所有技术形态，而是因为他们看透了技术形态背后的逻辑。

说了这么多，究竟怎么做有逻辑的技术分析呢？我以量价分析为例，将量价分析的逻辑总结为四个字——"三步两难"，即三个步骤、两个难点，具体请看下图。

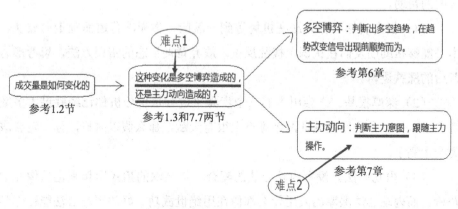

量价分析的"三步两难"示意图

三个步骤：第一步要搞清楚成交量是如何变化的；第二步在弄清成交量是由多头异动还是空头异动导致的，之后判断这种异动是多空博弈导致的还是主力动向造成的；第三步在确定方向后进行具体分析，从多空博弈角度出发的话要判断趋势，在趋势改变出现前顺势而为，从主力动向角度出发的话要判断主力意图，根据主力意图调整自己的操作。

两个难点：上述三个步骤在本书中都有详细介绍，那么是不是说掌握了本书的内容就一定能够成为高手呢？并不是，本书只能保证你的技术分析水平超过大多数散户，但是能不能成为高手因人而异。我们不得不承认很多事情是和天赋有关的，量价分析方面的天赋就体现在如何处理这两个难点上。第一个难点是选择从多空博弈角度还是主力动向角度来分析，第二个难点是根据主力动向判断主力意图。

"三步两难"是本书逻辑性的最佳体现，一般的图书会告诉你某种形态中成交量放量还是缩量是多空双方哪一方导致的吗？一般的图书会在分析时区分多空博弈和主力动向吗？它们不会。它们只会罗列一大堆技术形态让你去记、去背，告诉你背会之后就能成为顶尖高手。这可能吗，这科学吗？这些技术形态就好像光有招式没有内功心法的秘籍，学了不仅用处不大甚至可能有害。你必须要去研究内功心法，也就是形态背后的涨跌逻辑，这也是我一直所在做的。

本书是我多年来研究量价分析内在逻辑的结晶，希望它能给大家起到三方面的帮助。

（1）指向明灯。你无法在机场等到一艘船，你无法背道而驰走向成功。本书能够帮助朋友们在认识上拨乱反正，放弃背诵形态的错误方法，思考形态背后的涨跌逻辑。

（2）深厚根基。学会用本书三个步骤来进行量价分析你已经胜过大多数散户了，如果你恰好在处理两个难点上很有天赋，那么假以时日，你一定会成为个中高手。

（3）内功心法。没有内功心法的配合，再高深的招式用起来也只像在耍花枪，而内功心法深厚的人用什么都像在用绝世武功。好的内功心法能让你学习招式时一学就会，一会就精，甚至自创招式。本书中对量价分析的逻辑的研究就是所谓的内功心法。

我们经常把资本市场比作一片江湖，有时候江湖很黑暗，《笑傲江湖》里处处充满着门派之争和武林政治；但有的时候江湖也很快意，《天龙八部》里乔峰、段誉初次对饮便义结金兰。我向往的便是这种快意的江湖，一杯酒一个朋友。

　　当我拿着木剑跌跌撞撞地跑出新手村时，便幻想着有朝一日手持三尺青锋，在这片江湖说一不二。我想每个人也都有过类似的愿望，但是当你渐行渐远，就会发现一切并不如你想的那么简单。你会碰见向你推销盗版秘籍的乞丐，你会碰见装修得长戟高门正在招生的半吊子武馆，你会碰见某位看似仙风道骨的"高人"跟你说学了他的一招半式便可打遍天下无敌手……江湖险恶，你且小心斟酌。

　　所幸现在你碰见了我，我没有什么绝世秘籍，也没有什么无上武功。有的只是一两杯水酒和三两句唠叨，仅此而已，但本书却比你之前遇到的东西有益得多。

　　江湖儿女，意气相交，有缘相逢，作知己饮。

　　醉眼蒙眬间，道：

　　"我有一壶酒，足以慰风尘，尽倾江海里，赠饮天下人！"